CE TU PEI FANG SHI FEI

测土配方施肥

SHI YONG JI SHU

实用技术

毛毳 主编

哈尔滨出版社
HARBIN PUBLISHING HOUSE

图书在版编目（CIP）数据

测土配方施肥实用技术 / 毛垚主编. —哈尔滨：哈尔滨
出版社，2018.7
ISBN 978-7-5484-4104-5

Ⅰ．①测… Ⅱ．①毛… Ⅲ．①土壤肥力-测定法 ②施
肥-配方 Ⅳ．①S158.2②S147.2

中国版本图书馆CIP数据核字（2018）第129242号

书　　名：**测土配方施肥实用技术**

作　　者：毛　垚　主编
责任编辑：李金秋
责任审校：李　战
装帧设计：晓　华

出版发行：哈尔滨出版社（Harbin Publishing House）
社　　址：哈尔滨市松北区世坤路738号9号楼　　邮编：150028
经　　销：全国新华书店
印　　刷：哈尔滨久利印刷有限公司
网　　址：www.hrbcbs.com　　www.mifengniao.com
E－mail：hrbcbs@yeah.net
编辑版权热线：（0451）87900271　87900272
销售热线：（0451）87900202　87900203
邮购热线：4006900345　（0451）87900256

开　　本：787mm×1092mm　　1/16　印张：14.25　字数：200千字
版　　次：2018年7月第1版
印　　次：2019年8月第2次印刷
书　　号：ISBN 978-7-5484-4104-5
定　　价：38.00元

凡购本社图书发现印装错误，请与本社印制部联系调换。　服务热线：（0451）87900278

目录/CONTENTS

目录/CONTENTS

第一章

土壤的基础知识

土壤是发育于地球陆地表面具有一定肥力、松散的、粉粒状的且能够生长植物的疏松表层（包括海、湖浅水区）。它是地球表面上的附着物，它不仅是一个客观实体，而且又处于不断发展变化的动态平衡之中。它还是作物生长、发育和繁殖的物质基础，各种物质和能量的转化场所和转换器。

第一节 土壤的形成、分类以及分布

我国位于亚洲东部，东临太平洋，南北跨纬度50多度，东西占经度达60多度，面积约为960万平方千米。由于地域辽阔，各地自然条件差别很大，因此形成了各种各样的土壤。此外，中国又是历史悠久的农业国，人类生产活动已有几千年的历史，在长期生产过程中，不断地改造自然环境以适应于人类的需要，这些生产活动不仅能加速土壤的演变，甚至能改变土壤的发展方向。因此，中国土壤的形成与演化，与自然条件以及人类的农业生产活动有着密切的关系。

一、土壤的形成

（一）土壤形成的自然因素

在土壤学中，将影响土壤形成的各种自然条件归纳为母质、生物、气候、地形、时间等五大因素，称为土壤形成因素，或简称成土因素。也就是说，地球陆地表面的任何一种土壤，都是在这五种因素的共同作用下形成的。但是，在不同地区，各因素的具体内容和特点不同，各因素还以不同的作用强度相配合，从而形成各种各样的土壤。

1. 母质

风化作用使岩石破碎，理化性质改变，形成结构疏松的风化壳，其上部可称为土壤母质。如果风化壳保留在原地，形成残积物，便称为残积母质；如果在重力、流水、风力、冰川等作用下风化物质被迁移形成崩积物、冲积物、海积物、湖积物、冰碛物和风积物等，则称为运积母质。成土母质是土壤形成的物质基础和植物矿质养分元素（氮除外）的最初来源。

母质代表土壤的初始状态，它在气候与生物的作用下，经过上千年的时间，才逐渐转变成可生长植物的土壤。母质对土壤的物理性状和化学组成均产生重要的作用，这种作用在土壤形成的初期阶段最为显著。随着成土过程进行得愈久，母质与土壤间性质的差别也愈大，尽管如此，土壤中总会保存有母质的某些特征。

母质是形成土壤的基本材料，是土壤物质部分的基础，植物营养元素的来源。母质的成分、性质均会影响土壤的形成。

2. 生物

生物是土壤形成的动力，是土壤有机物质的来源和土壤形成过程中最活跃的因素。

岩石表面在适宜的日照和湿度条件下滋生出苔藓类生物，它们依靠雨水中溶解的微量岩石矿物质得以生长，同时产生大量分泌物对岩石进行化学、生物风化；随着苔藓类的大量繁殖，生物与岩石之间的相互作用日益加强，岩石表面慢慢地形成了土壤；此后，一些高等植物在年幼的土壤上逐渐发展起来，形成土体的明显分化。

在生物因素中，植物起着最为重要的作用。绿色植物有选择地吸收母质、水体和大气中的养分元素，并通过光合作用制造有机质，然后以枯枝落叶和残体的形式将有机养分归还给地表。不同植被类型的养分归还量与归还形式的差异是导致土壤有机质含量高低的根本原因。例如，森林土壤的有机质含量一般低于草地，这是因为草类根系茂密且集中在近地表的土壤中，向下则根系的集中程度递减，从而为土壤表层提供了大量的有机质，而树木的根系分布很深，直接提供给土壤表层的有机质不多，主要是以落叶的形式将有机质归还到地表。动物除以排泄物、分泌物和残体的形式为土壤提供有机质，并通过啃食和搬运促进有机残体的转化外，有些动物如蚯蚓、白蚁还可通过对土体的搅动，改变土壤结构、孔隙度和土层排列等。微生物在成土过程中的主要功能是有机残体的分解、转化和腐殖质的合成。腐殖质能改善土壤的肥力状况。

3. 气候

气候是各种气象因子的综合反应。气候对于土壤形成的影响，表现为直接影响和间接影响两个方面。直接影响指通过土壤与大气之间经常进行的水分和热量交换，对土壤水、热状况和土壤中物理、化学过程的性质与强度的影响。通常温度每增加 $10℃$，化学反应速度平均增加 $1~2$ 倍；温度从 $0℃$ 增加到 $50℃$，化合物的解离度增加 7 倍。在寒冷的气候条件下，一年中土壤冻结达几个月之久，微生物分解作用非常缓慢，使有机质积累起来；而在常年温暖湿润的气候条件下，微生物活动旺盛，全年都能分解有机质，使有机质含量趋于减少。

气候还可以通过影响岩石风化过程以及植被类型等间接地影响土壤的形成和发育。一个显著的例子是，从干燥的荒漠地带或低温的苔原地带到高温多雨的热带雨林地带，随着温度、降水、蒸发以及不同植被生产力的变化，有机残体归还逐渐增多，化学与生物风化逐渐增强，风化壳逐渐加厚。

4. 地形

地形对土壤的影响是多方面的，它影响局部地区的水热条件。地形对土壤形成的影响主要是通过引起物质、能量的再分配而间接地作用于土壤的。在山区，由于温度、降水和湿度随着地势升高的垂直变化，形成不同的气候和植被带，导致土壤的组成成分和理化性质均发生显著的垂直地带分化。对美国西南部山区土壤特性的考察发现，土壤有机质含量、总孔隙度和持水量均随海拔高度的升高而增加，而 pH 值随海拔高度的升高而降低。此外，坡度和坡向也可改变水、热条件和植被状况，从而影响土壤的发育。

在陡峭的山坡上，由于重力作用和地表径流的侵蚀力往往加速疏松地表物质的迁移，所以很难发育成深厚的土壤；而在平坦的地形部位，地表疏松物质的侵蚀速率较慢，使成土母质得以在较稳定的气候、生物条件下逐渐发育成深厚的土壤。阳坡由于接受太阳辐射能多于阴坡，温度状况比阴坡好，但水分状况比阴坡差，植被的覆盖度一般是阳坡低于阴坡，从而导致土壤中物理、化学和生物过程的差异。

5. 时间

土壤形成及发展是在时间意义下进行的，在其他成土因素相同的条件下，由于作用时间长短不同，土壤的发育程度是不一致的。

在上述各种成土因素中，母质和地形是比较稳定的影响因素，气候和生物则是比较活跃的影响因素，它们在土壤形成中的作用随着时间的演变而不断变化。因此，土壤是一个经历着不断变化的自然实体，并且它的形成过程是相当缓慢的。

土壤发育时间的长短称为土壤年龄。从土壤开始形成时起直到目前为止的年数称为绝对年龄。由土壤的发育阶段和发育程度所决定的土壤年龄称为相对年龄。土壤中物质的淋溶与聚积程度也受着土壤年龄的影响，在相同的成土条件下，年龄不同的土壤，其肥力是不相同的。

（二）人类因素

除上述自然因素外，人类对土地的利用和改造，也直接或间接地影响土壤形成。主要表现在通过改变成土因素作用于土壤的形成与演化。其中以改变地表生物状况的影响最为突出，典型例子是农业生产活动，它以稻、麦、玉米、大豆等一年生草本农作物代替天然植被，这种人工栽培的植物群落结构单一，必须在大量额外的物质、能量输入和人类精心的护理下才能获得高产。

因此，人类通过耕耘改变土壤的结构、保水性、通气性；通过灌溉改变土壤的水分、温度状况；通过农作物的收获将本应归还土壤的部分有机质剥夺，改变土壤的养分循环状况；再通过施用化肥和有机肥补充养分的损失，从而改变土壤的营养元素组成、数量和微生物活动等。

最终将自然土壤改造成为各种耕作土壤。人类活动对土壤的积极影响是培育出一些肥沃、高产的耕作土壤，如水稻土等；同时由于违反自然成土过程的规律，人类活动也造成了土壤退化，如肥力下降、水土流失、盐渍化、沼泽化、荒漠化和土壤污染等消极影响。

（三）黑龙江省土壤主要成土过程

1. 幼年土壤的生草过程

这是岩石风化或成土过程的原始阶段，在新近残积、冲积、淀积母质上，生长矮草，形成厚度不足20厘米的生草层；而淋溶和淀积作用不明显，剖间层次分化不清楚，这种土壤叫生草土。这类土壤的特点是粗骨性强，土层薄，生物过程弱。

2. 棕壤化过程

这是在温带针阔叶混交林生物气候条件下进行的成土过程。在腐殖质累积和弱酸性淋溶条件下，易溶盐基大部分被淋失，铁、锰在还原条件下由高价变成低价溶于下渗水流中，至下层被氧化，呈胶膜状淀积于土粒表面，构成暗棕壤的土壤色泽。黏粒的下移和铁、锰的还原氧化伴随发生，从而使上层质地变轻而下层变黏。

3. 有机质积聚过程

（1）腐殖质过程是指土壤腐殖化过程，或者说是生物富集过程。腐殖质的积累是与水热条件密切相关的，在水分充裕的草甸植物下，形成有机质的数量大，并且由于进行着嫌气分解，所以腐殖质积累多，土壤层厚而且含量高；在草原条件下则因干旱少水，有机质增长量少，但矿化程度高，因而土壤腐殖质层薄且含量低。

（2）泥炭化过程是沼泽土的有机质积聚方式。在长期积水条件下，沼泽植物、喜湿植物一代一代地成长，随后又一代一代死亡，在极端嫌气条件下，有机质的矿化和腐殖化都不易发生，而变成粗腐殖质或泥炭腐殖质堆积起来。其特点是具有成层性，以有机质为主而含矿物质甚少，分解度低，植物残体可以辨认，吸水力强。

4. 草甸化过程

草甸化过程，是在潜水和草甸植被下所发生的过程。受降水和地下水的影响，土壤长期处于过湿状态，草甸植物繁茂，植物残体得不到分解，有利于有机质的积累。在干旱时水分蒸发，地下水下降，土壤处于暂时干燥状态。在水分过多时，铁处于还原状态，可随水上下移动，在干时又被氧化固定下来。这种经常干、湿交替条件，在土壤剖面上形成特殊物质——或铁锰结核。

5. 白浆化过程

白浆化过程，即形成白浆层的过程。由于季节性冻层和底土黏重不透水，形成表层滞水，土壤中的铁、锰处于还原状态，随水侧向或向下带走铁、锰等有色金属，而使亚表层脱色产生白浆层，淋失的物质又在下层淀积而形成核状或块状的蒜瓣土层。这两个层次是白浆土的主要诊断层。

6. 脱钙和积钙过程

钙化过程是半干旱地带土壤的重要成土过程。钙化过程包括钙在表层的增加，表面脱钙和钙在下层的聚积。在半干旱条件下，大部分易溶性的钠、钾盐被降水淋失，而钙、镁类只有部分淋失，大部分仍留在土壤中，结果使表层土壤钙质相对增加，胶体和土壤溶液为钙所饱和，土壤反应呈中性至微碱性。

7. 盐化过程

盐化过程就是指可溶性盐类在土壤表层的聚积过程。它是在干旱少雨地区、地下水位较高的地方经常发生的。因为降水少淋溶作用弱，蒸发作用大，使母岩或母质风化释放出的易溶盐，不能淋洗出土体；同时，由于地下水含可溶性盐分多，地下水通过土壤毛细管上升至地表，水分蒸发后，随水上来的盐分则残留于表土中，结果使土壤表层的盐分越积越多。在滨海地区，由于海水含盐量高，在海水浸淹或顶托下，也能发生盐化过程。

8. 碱化过程

碱化过程是指土壤胶体中有较多的交换性钠离子，使土壤呈酸性反应，并引起土壤物理性质恶化的过程。土壤碱化主要是通过土壤中碳酸钠的形成和增加，使土壤呈碱性，有助于钠离子取代土壤胶体上的交换性钙、镁离子。因为 Ca^{2+}、Mg^{2+} 被交换出来后就与 CO_3^{2-} 形成难溶性的 CaO_3 或 $MgCO_3$，可使交换过程不断进行。

9. 潜育化过程

潜育化过程，指土体长期受水的浸渍处于还原和状态，使铁、锰等由高价还原为低价，脱色而使土体变成灰蓝色、青黑色的过程。颜色的深浅视所形成的低价铁、锰化物而定。

10. 熟化过程

土壤的熟化过程，就是人类定向培育土壤肥力的过程。通过耕作、施肥等措施，使土壤能力朝着有利于作物生长的方向发展，并不断提高肥力，满足作物高产的需要。熟化过程并没有摆脱自然因素的影响，而是兼受自然因素和人为因素的综合影响，人为因素占主导地位。

二、土壤的分类以及分布

土壤分类是依据土壤形态特征及其理化、生物特性的差异划分土壤。在自然界中，由于成土环境与成土过程不同，土壤有机物与矿物质进行一系列分解与合成，固体、溶质产生迁移与累积以及土体交换等，从而形成了多种性态各异的土壤类型。

土壤分类的目的是将各种不同的土壤依据物质运动的规律和形式，以及表现在土体内部的性质和剖面形态的相似和差异程度，归入相应的分类单位，建立起一定分类系统，它反映各类土壤之间在发生上的联系。土壤分类必须把土壤看成一个独立的自然体，以生物、气候为主导因素，结合土壤的发生过程和地带性特征进行分类。

我国主要的自然土壤：

（一）暗棕壤

分布在小兴安岭、长白山、完达山及大兴安岭东坡。在温带湿润的森林条件下，经腐殖质积累过程和弱酸性淋溶过程形成的。呈弱酸性反应，有机质含量较高，剖面呈暗棕色，具棕色胶膜，层次发育不明显，表层有枯枝落叶覆盖层，盐基饱和度不高。暗棕壤是北方森林基地，也是药用植物和地被植物的集中地，目前已建立种源基地，开辟保护区（如长白山保护区），保护野生生物资源，进行迹地更新造林，恢复生态平衡。

（二）棕壤

棕壤是在暖温带夏绿阔叶林的华北、西北以及胶东半岛一带山地的主要土壤。气候是冬春旱少雨，夏秋雨量集中。植被主要以针阔混交林为主，原始森林已遭破坏，仅有次生林和人工林。土壤在好气条件为主的环境下，土壤趋于中性，盐基饱和度高，下层常呈微酸性反应，具明显的黏化现象，质地较黏重、土壤呈棕色。一般有机质含量为 5%～13%、代换量一般为 $20～30cmol（P^+）kg^{-1}$。

（三）褐土

褐土是暖温带半湿润的低山和丘陵地区的主要土壤。主要分布在上述地带的低山山麓平原，和棕壤接连。气候是冬春干旱多风少雪，夏季高温多雨，雨量集中。植物以中生的夏绿阔叶林为主。在碳酸盐的淋溶沉积作用和黏化作用下形成褐土。土壤内钙、镁盐类饱和，呈现不同程度的碳酸盐反应。同时矿物被强烈风化，黏化过程加强，经冬春和夏秋的干湿交替，黏化出现在不同层位，下部有氧化铁的褐色沉淀物。褐土由腐殖质层、黏化层、钙积层等组成，中性略偏碱，质地黏重，腐殖质含量略低于棕壤，为 1.5%~4%。剖面不同层次呈现碳酸盐反应，代换量 10~20cmol（P$^+$）kg^{-1}

（四）红壤和黄壤

在亚热带常绿阔叶林下形成的，是长江以南的主要土壤类型。黄壤分布在湿润和高山区；红壤分布在较干旱的低山丘陵地。

上述地区气候温暖，雨量充沛，春季雨期长，气候湿润，黄壤区雾日占比更大。红壤是在富铝化作用和生物循环作用下，不断促进各种盐基的风化淋溶，而铁、铝积累形成黏土矿物。红壤地区由于水热条件好，植物繁多、生长季长，具有丰富的凋落物和灰分元素，土壤肥力较高。

黄壤的形成与红壤相似，但由于气候湿冷，氧化铁水化成水化氧化铁，使土壤染上黄色红壤质地黏重，通透性差，黏粒多，呈酸性反应，盐基不饱和，有机质含量 5%~6%，土层较厚。黄壤黏粒率高，多水化氧化铁，淋溶作用强，盐基饱和度低于红壤，交换性酸高，pH 值略高于红壤，为 4.5~5.5。红壤和黄壤区园林植物丰富，是我国名贵花木茶花、桂花的基地。

（五）黑土和黑钙土

是我国东北平原地区的主要土壤。该区夏热冬寒，冻土期长且深厚。是在草本植物覆盖下形成的土壤。地下水位深，矿化度低。有机物质以积累为主，腐殖质层厚，含量高，黑钙土略差。土壤胶体为钙、镁饱和，土壤呈中性到微碱性反应，碳酸盐积聚形成钙积层。

黑钙土和黑土的利用和改良，应加速有机物的分解，促使土壤营养物质释放，提高矿质营养的有效程度；大量营造护田林带，注意水土保持，防止风蚀，扩大粮油生产基地。

（六）栗钙土

主要分布在西北地区的山前台地和丘陵平原以及山间盆地。该区属于大陆性半干旱草原地带。气温较低，全年降雨量少，雨量集中在夏季，栗钙土是弱腐殖质累积和钙化过程共同作用形成的。

栗钙土由于弱腐殖质累积作用，有机质含量甚低，仅在 1.3%~3.3%，盐基被钙、镁所饱和，具碳酸盐反应形成钙积层，pH 值为碱性，介于 7.0~9.5之间，代换量不高，胶体物质少，土壤质地疏松。

栗钙土地区水分不足，有机质缺乏，物理性状不良，风沙危害严重。应积极植树造林，建立防护林网，防止风沙侵蚀。

（七）草甸土

分布在全国各地，是在草甸植被下发育的半水成土壤。该区一般地势低洼，地下水汇集，排水不良。由于草甸化过程和地下水的浸润，产生腐殖质的积累。剖面中出现还原性锈斑和铁锰结核，腐殖质含量高达 5%~10%，含氮量 0.5%，具团粒结构。呈碳酸盐反应时，pH 值为中性或微碱性；无碳酸盐反应的草甸土多呈微酸性。

草甸土应注意排水，平整土地，施用有机肥，以补充消耗的养分和改良因开垦后腐殖质减少而造成的土壤性质变化。

（八）盐碱土

盐土和碱土的总称，含盐量高。盐碱土主要分布在干旱、半干旱地区和沿海，是由海积物和盐化过程形成的。土壤中含有可溶性氯化钠和其他钠盐，盐分含量高，大部分盐类聚集在表层，地下水矿化度高，有机质含量低，具盐结皮和白霜，结构呈柱状或棱柱状，pH 值可达 7.5~9 或更高。

盐碱土应注意排水洗盐，淡水灌溉，可种植绿肥，增加有机质和覆盖地面，减少蒸发，抑制返盐。

（九）潮土

主要分布在北京至河南省漯河以东的华北大平原上，是暖温带的冲积土。

在半干旱和半湿润条件下，季节明显，蒸发量高，具有明显的干湿交替，是近代冲积物和湖积物形成的。含矿质营养丰富，土壤春旱秋涝，呈现盐渍化，pH 值中偏碱性。影响潮土肥力提高的因素，主要是旱、涝、碱、沙。改良措施除营造防护林、兴修水利、发展灌排外，应注意科学用水，以防地下水位升高发生土壤次生盐渍化。增施有机肥料，种植绿肥，也是不断提高土壤肥力的重要措施。

第二节 土壤的物理性质

土壤的物理性质是指那些由各种力作用的且可以由物理术语或公式所解释或表达的土壤特性、土壤过程或土壤反应物。

一、土壤孔性

土壤孔性主要影响土壤的通气、透水和保水能力，对土壤肥力状况有重要的作用，它是指土壤中的土粒与土粒、土团与土团之间形成很多弯弯曲曲、粗细不同、形状各异的孔隙。土壤孔隙是容纳水分和空气的空间，大的可通气，小的可蓄水。为了满足植物对水分和空气的需要，一方面要求土壤有一定的孔隙数量，同时也要求土壤的大小孔隙比例适宜。

（一）土壤密度

土壤密度即土壤比重，指单位体积固体土粒（不包括粒间孔隙）的质量，单位：克/立方厘米。土壤密度的大小主要决定于组成土壤的各种矿物的密度，由于多数矿物的密度在 2.6~2.7 克/立方厘米之间，因此，土壤密度一般取其平均值，即 2.65 克/立方厘米。又因为土壤固体部分还含有一定量的有机物质，故有机质含量高的表土密度要小一些。

影响土壤密度的因素，主要是土壤中的矿物质组成和腐殖质含量。但腐殖质的含量少，对密度值影响不大，因此影响最大的是矿物质。

（二）土壤容重

土壤容重指单位体积（包括粒间孔隙）原状土壤的干重，单位为克每立方厘米或毫克每立方米。土壤容重与土壤密度的区别，在于容重是原状土壤体积，包括了土壤孔隙的体积，而土壤密度中的土粒体积不包括孔隙在内。所以，容重变化较大，而且总是小于土壤密度。土壤容重大小受土壤质地、结构、松紧状态及外界因素与人为活动的影响。

测定土壤容重有多方面用处：

不同类型土壤的容重范围（单位：g/cm³）

土壤类型	容重范围
有机土	0.2 ~ 0.6
未经耕作的林下和草地表土壤	0.8 ~ 1.1
黏质和壤质耕作土壤	0.9 ~ 1.5
壤质和砂质耕作土壤	1.2 ~ 1.7

1. 判断土壤松紧度

土壤容重小，说明土壤疏松多孔；反之，土壤紧实板结。土壤松紧直接影响土壤肥力状况和植物生长发育。容重过小，土壤过松，大孔隙占优势，虽易耕作，但根系扎不牢，保水能力差，易漏风跑墒。反之，土壤容重过大，土壤过于紧实，小孔隙多，通气透水性差，难耕作，影响种子出土和植物生长发育。

由于各种植物根系的穿透力不同，对土壤容重有不同的要求。棉花是双子叶植物，幼苗顶土力弱，要求容重较小的土壤条件，才能出好苗。如轻壤土，其容重 1.0~1.2 克/立方厘米时，棉花出苗较好，1.3 克/立方厘米时就差，大于 1.3 克/立方厘米时则出苗困难。小麦的根细长，芽鞘穿透力较强，较耐紧实土壤，容重在 1.0~1.3 克/立方厘米时出苗合适，若为 1.5 克/立方厘米，虽能生长，但生长速度下降。甘薯、马铃薯等在紧实土壤中根系不易下扎，块根、块茎不易膨大，故在紧实黏土地上，产量低而品质差。果木中，李子树能忍耐较强的紧实度，容重在 1.55~1.65 克/立方厘米，还能正常开花结果。

不同土壤由于孔隙类型不同，植物对容重的要求不一样。如粗砂土，容重达 1.8 克/立方厘米，根系还可生长。而壤土类，容重在 1.7~1.8 克/立方厘米，根系就很难下扎。黏土在 1.6 克/立方厘米时，就不能出苗扎根。

2. 计算土壤质量

用土壤容重可以计算每亩及每公顷耕层土壤的质量或一定体积土壤需挖土或填土的方数。

$$土壤质量（千克）= \frac{面积（平方厘米）\times 厚度（米）\times 容重（毫克/立方米）}{1000}$$

式中：1000 是换算成千克的系数。

[例] 1 亩土地，耕层厚度为 20 厘米，容重为 1.15 毫克/立方米（或 1.15 克/立方厘米），每亩耕层土壤总质量为：

$$\frac{666.7（m^2）\times 0.2（米）\times 1.15（毫克/立方米）}{1000} \approx 1.53 \times 10^8 \; 千克$$

式中：1000 是换算为千克的系数。

3. 计算土壤各组分的数量

根据土壤容重，可以把土壤水分、养分、有机质和盐分等的含量，换算成一定面积和深度内土壤中的贮量，作为施肥灌水的依据。

如上例土壤耕层中全氮含量为 1 克/千克，则每亩耕层含氮总量（千克）为：

$$15 \times 104 \times 1（克/千克）\times \frac{1}{1000} = 100\%$$

（三）土壤孔隙度及孔隙类型

1. 土壤孔隙度

土壤孔隙度是指土壤孔隙的容积占土壤总容积的体积分数。它是说明土壤孔隙数量的。求孔隙度的公式如下：

$$孔隙度（\%）=（1-\frac{土壤容积}{土壤密度}）\times 100\%$$

由上式可见，土壤孔隙度与容重呈反比关系。容重愈小，则孔隙度愈大；反之则愈小。一般土壤的孔隙度在 30% ~ 60% 之间，其中以 50% 左右或稍大于 50% 为好。

2. 土壤孔隙的类型

土壤孔隙度只能说明某种土壤孔隙的数量，不能说明土壤孔隙的性质。因此，还要根据土壤孔隙的粗细分类。由于孔隙在土体中很复杂，要具体测量土壤孔隙的直径很难，一般按照吸出孔隙中的水所需要的吸力大小划分。所以，与一定土壤水吸力相当的孔径叫作当量孔径。根据当量孔径的大小，土壤孔隙分三类：

1）非活性孔隙（束缚水孔隙）是土壤中最细的孔隙，又叫无效孔隙。当量孔径一般小于 0.002 毫米，相应的土壤水吸力在 1.5×105 帕以上。孔隙中充满着被土粒牢固吸附的水分，移动很慢，极难被植物利用。无结构的黏土中这种孔隙多，通气、透水差，植物根系伸展困难，耕作阻力大。

2）毛管孔隙 被毛管水占据的孔隙，当量孔径为 0.002~0.02 毫米，相应的土壤水吸力为 $1.5 \times 10^4 \sim 1.5 \times 105$ 帕之间，植物根毛和一些细菌也可进入。毛管水是植物最有效的水分。

3）空气孔隙（非毛管孔隙）孔隙较粗大，当量孔径大于 0.02 毫米，相应的土壤水吸力小于 1.5×10^4 帕。这种孔隙无保水能力，是空气流动的通道，是决定土壤通气好坏的指标。为了保证植物正常生长，旱地土壤要求土壤通气孔隙保持在 8%（按容积计）以上较为合适。

从土壤肥力条件看，要求土壤孔隙度 50% 以上，其中无效孔隙尽量少，通气孔隙度在 10% 以上为好。

（四）土壤孔隙的调节

土壤孔隙状况受土壤质地、结构、松紧度、有机质含量及降雨、灌水、人为耕作等影响。因此，改变上述因素就可以调节土壤的孔隙状况。

1.深耕、中耕松土

深耕及中耕松土后，土壤疏松，大孔隙增多，总孔隙度增加。一般深耕后土壤容重由 1.42~1.56 克/立方厘米减少至 1.28 克/立方厘米。

2.增施有机肥

施用有机肥可以增加有机质含量，改善土壤结构，降低土壤容重，增加土壤孔隙度。据黑龙江省农科院试验，每亩施 1.25×104 千克泥炭土培肥黑土，与不施的对照，经两年后测定，对照容重 1.26 克/立方厘米，施泥炭培肥的容重 1.11 克/立方厘米，降低 0.15 克/立方厘米，总孔隙度增加 4.6%，水稳性团粒比对照增加了 19.5%。

3.改良土壤质地

黏土以小孔隙为主，孔隙度一般为 40%~60%；砂土以大孔隙为主，中砂和细砂土孔隙度为 40%~45%，粗砂为 33%～35%；壤土的孔隙度一般为 45%~52%。大小比例适当（植物要求适宜的大小孔隙比为 1:2~1:3），有较多毛管孔隙，水汽协调。因此，掺砂掺黏改良土壤质地亦可调节土壤孔隙。

二、土壤的机械组成

（一）土壤粒级

土壤中矿物质颗粒按粒径大小划分成的等级称为土壤粒级。不同的国家分级标准不同。主要是根据各粒级的生产性状进行划分的。

现将主要几种分级方法介绍如下：

1. 国际制

以 2 毫米为基准，每降低一个数量级，划分出一种粒级

国际粒级分类表

粒级名称	粒径（毫米）	粒级名称	粒径（毫米）
石砾	2.0	黏粒	0.002
粗砂粒	2.0 ~ 0.20		
细砂粒	0.20 ~ 0.02		
粉砂粒	0.02 ~ 0.002		

2. 苏联制

把粒级分为两大类，即物理性砂粒和物理性黏粒，其中包括石砾、砂粒、粉粒、黏粒 4 个基本粒级。

苏联制粒级分类

粒级名称		粒径（毫米）	简化粒级名称
石		<3	
砾		3 ~ 1	
粗砂	砂粒	1 ~ 0.5	>0.01 物理性砂粒
中砂		0.5 ~ 0.25	
细砂		0.25 ~ 0.05	
粗粉砂	粉砂	0.05 ~ 0.01	
中粉砂		0.01 ~ 0.005	<0.01 物理性黏粒
细粉砂		0.005 ~ 0.001	
黏粒		<0.001	

3. 我国暂拟粒级分类表

颗粒名称	细粒级分类名称	粒级界限（毫米）
石块	石块	>10
石砾	粗砾	10 ~ 5
	中砾	5 ~ 3
	细砾	3 ~ 1
砂粒	粗砂	1 ~ 0.25
	细砂	0.25 ~ 0.05
粉粒	粗粉粒	0.05 ~ 0.01
	细粉粒	0.01 ~ 0.005
黏粒泥粒胶粒	泥粒（粗黏粒）	0.005 ~ 0.001
	胶粒（胶黏粒）	<0.001

本表除增加泥粒一项外，其他与苏联制相似。

4.各种粒级的性质

上述各分级标准，虽有不同，但大致可分四个基本粒级，即石粒、砂粒、粉砂粒、黏粒。各粒级的粒径范围不同，表现出的化学和物理性质也不相同。

①化学性质：粒径越大，其矿物成分中石英含量较多，含有铁、钙、镁、钾等元素的矿物相对较少；土粒越细，二氧化硅减少，铁、钙、钾等元素显著增加。因此砂粒贫瘠，黏粒养分丰富。

②物理性质：石砾和砂粒有较高的透水性，但蓄水性差，无可塑性，干时呈松散状，但通气良好，排水通畅。黏粒透水性差，几乎不透气，黏结性强，可塑性大，干时坚硬。粉砂粒的各项性质介于砂粒与黏粒之间。

（二）土壤质地

土壤中各粒级（砂粒、粉砂粒及黏粒）在土体内所占的重量百分比，称为机械组成，又称土壤质地。各种质地的土壤表现出不同的性质，因此，将土壤的机械组成分为若干组合，并给予一定的质地名称。由于土壤粒级的划分标准不同，所以土壤质地分类也有不同的系统。目前在我国应用比较普遍的卡钦斯基（苏联）质地分类制和我国在1987年暂拟的土壤质地分类制。卡钦斯基土壤质地分类（简明系统）只划分物理性砂粒和物理性黏粒两个粒级，根据它们含量百分数，作为划分质地的标准。如表：

卡钦斯基的土壤质地分类标准

土壤质地名称		物理性黏粒（<0.01毫米，%）	物理性砂粒（>0.01毫米，%）
砂土	松砂土	0 ~ 5	100 ~ 95
	紧砂土	5 ~ 10	95 ~ 90
壤土	砂壤土	10 ~ 20	90 ~ 80
	轻壤土	20 ~ 30	80 ~ 70
	中壤土	30 ~ 45	70 ~ 55
	重壤土	45 ~ 60	55 ~ 40
黏土	轻黏土	60 ~ 75	40 ~ 25
	中黏土	75 ~ 85	25 ~ 15
	重黏土	>85	>15

我国暂拟土壤质地分类：

这一分类法是结合我国农民生产习惯，吸取国际制和原苏联制优点制定出的。如表：

我国暂拟土壤质地分类

质地组	质地名	颗粒组成（%）粒径（毫米）		
		砂粒1～0.05	粗砂粒0.05～0.01	黏粒
砂土	粗砂土	>70		
	细砂土	60～70		
	面砂土	50～60		
壤土	砂粉土	>20	>40	<30
	粉土	<20		
	粉壤土	>20	<40	
	黏壤土	<20		
	砂黏土	>50	——	>30
黏土	粉黏土	——————————		30～35
	壤黏土			35～40
	黏土			>40

（三）土壤质地与土壤肥力的关系

土壤质地影响土壤的物理、化学和生物学的性质，因此也影响土壤的肥力状况。

1. 砂土

砂土中含砂粒多、疏松、易于耕作，又称轻土。土粒间隙大，易于透水气，蓄水保肥能力差。由于透气好，热容量小，温度高，有机质分解快，养分不易积累，腐殖含量低，适于作盆栽和盆插土。应选种耐旱、耐贫瘠的树种。改造砂土时，应多施有机肥料，掺施粒土、塘泥等改变土壤的砂性。

2. 黏土

土壤黏重，耕作困难，又称重土。黏土的土粒间隙大，透水差，吸收性能强，保水保肥力强。热容量大、土温低，腐殖质易于积累，养分含量高，但有效成分低，影响植物根系发育，应种植能在黏土上生长的树种。

3. 壤土

俗称二合土，不黏不砂、松紧适度，既通气透水，又有一定的保蓄能力，是理想的土壤质地。在土壤中水、肥、气、热直辖市，可耕性良好，有利于植物扎根和生长发育。

三、土壤结构性

（一）土壤结构的概念、类型与特点

1. 土壤结构的概念

自然界中土壤颗粒很少呈单粒存在。一般土粒团聚形成大小、形状不同的团聚体，称为土壤结构（或结构体）。土壤结构性是指土壤中结构体的形状、大小、排列和相应的孔隙状况等综合性状。土壤结构性影响土壤水、肥、气、热状况，影响土壤耕作和植物幼苗出土、扎根等。所以，土壤结构性是土壤的重要物理性质。

2. 土壤结构类型与特点

土壤结构的类型，通常是根据结构体的大小、外形以及与土壤肥力的关系划分的。常见的土壤结构如图：

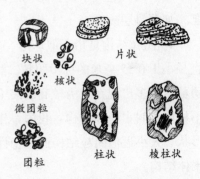

土壤结构类型示意图

1）块状和核状结构

块状结构属立方体形，长、宽、高三轴大体相等。边角不明显，外形不很规则。直径大于 10 毫米的称为块状、大块状结构，北方农民称土壤的块状结构为"坷垃"。小于 10 毫米的为碎块状结构。块状结构多出现在有机质少、质地黏重的土壤中，如不在适耕期耕作，往往形成大量块状结构，造成大的孔洞，气体交换过速，助长蒸发，也叫"漏风跑墒"。还会压苗，使幼苗不能顺利出土，群众说"麦子不怕草，就怕坷垃咬"。但在盐碱地上有 2~3 厘米的"坷垃"，能起覆盖作用，减少地下水的蒸发，减缓表土积盐。若已形成块状，要注意在雨后适时耙耢、碎土；也可采取伏耕晒垡、秋耕冻垡的办法，利用下湿交替和冻融交替，使大土块自然散开。

核状结构与块状结构不同，核状结构边面明显，有棱有角，即群众所说的"蒜瓣土"，很硬，水泡不散，出现在缺乏有机质的心土层和底土层中。

2）片状结构与板状结构

横轴大于纵轴，呈扁平状，多出现在犁底层中，犁底层过厚，影响扎根

和上下层水汽交换，以及下层养分的利用，对植物生长不利。对水田来说，可减少水分渗漏，起托水托肥的作用。

表层土壤的结皮和板结，也属片状结构。结皮较薄，厚度不到 1 厘米，雨后或灌水后在砂壤土和黏土表面都可形成。板状结构出现在缺乏有机质的黏重土壤表面，结皮较厚，达 10 厘米。

板状结构影响土壤气体交换和水分下渗，也影响种子出土。雨后或灌水后适时中耕、耙耱即可破除。

3）柱状结构和棱柱状结构纵轴大于横轴，呈直立形，边面棱角明显的叫棱柱状结构，棱角不明显的称柱状结构。这种结构多出现在黏重的心土层、底土层和碱土的碱化层中。这种结构坚硬紧实，外面常有铁、锰胶膜包裹，根系难伸入，通气不良，结构之间裂成大裂缝，漏水漏肥，可通过施用有机肥，加深耕层改良。

4）团粒结构是指近似球形、疏松多孔的小土团，直径为 0.25~10 毫米。直径小于 0.25 毫米的称微团粒，群众称这类结构为"蚂蚁蛋"或"米糁子"。团粒结构多出现在肥力较高的表土，是一种良好的结构。结构体经水浸泡后不松散者叫水稳性结构。我国旱作土壤较少有典型的水稳性团粒结构，但有形状、大小近似团粒结构而水稳性较差的结构体，通常称之为粒状结构或团聚体结构。

5）微团粒结构又称微团聚体或微结构，直径为 0.25~0.001 毫米，很多表土层都有这种结构。肥力高的水稻土浸水后，大的结构体能散成微团粒，造成"水土相融"，微结构显著增多，尽管多次耕耙仍然存在，土壤疏松绵软，有利于根系发展。微团粒内可闭蓄空气，外则为自由水，为渍水条件下水汽共存创造了条件，有利于根系呼吸和防止烂根。结构差的水稻土浸水后，结构体"化"不开，呈大的僵块，或者分散成单粒而造成淀浆板结或浮泥，造成通气不良，不利于根系生长。因此，对水稻土来说，微团粒的多少，是衡量肥力高低的指标之一。

（二）团粒结构与土壤肥力

具有团粒结构的旱地，土壤水、肥、气、热等肥力因素协调，土壤肥力较高。因为团粒之间有大孔隙，团粒内部各土粒之间有小孔隙，大小孔隙比例适宜（1：2~1：3），从而使团粒结构有很多优良性状。

1. 水、气协调

团粒结构土壤透水、透气性好，可大量接纳降水和灌水。当降水或灌水时，水沿团粒间大孔隙下渗，逐渐渗入团粒内部的毛管孔隙中保蓄起来。所以，团粒好似"小小的水库"，多余的水继续下渗，湿润下边的土层，从而减少土壤的地表径流和冲刷侵蚀。雨过天晴，地表很薄一层团粒迅速干燥收缩，切断了上下毛细管的联系，减少水分沿毛细管上升而蒸发损失，平时，团粒之间充满空气，团粒内部充满水分。故具有团粒结构的土壤，水、气供应协调。

土壤结构和水分状况（降雨 26.1 毫米后）

时间	非团粒结构土壤的含水量 /%	团粒结构土壤的含水量 /%
降雨前	7.13	1.62
降雨后一昼夜	12.75	18.41
降雨后三昼夜	9.25	18.55

2. 既供肥，又保肥

团粒之间的大孔隙有空气存在，好气性微生物活动旺盛，有机质矿质化迅速，能不断提供植物所需要的养分。而团粒内部小孔隙多，缺乏氧气，有机质进行嫌气分解，腐殖化过程占优势，则保存了养分和有机质。因此，团粒好似"小小的肥料库"。由于团粒结构土壤中的养分是由外层向内层逐渐释放的，这样既能不断地供应植物需要的养分，又能保证一定的积累。所以，具有团粒结构的土壤既能供肥，又能保肥。

3. 土温稳定，耕性好

团粒内部的小孔隙中保持有较多水分，水的比热容较大，温度不易升降，故具有团粒结构的土壤土温较稳定。团粒结构的土壤疏松多孔，可以减少耕作阻力，提高耕作效率和耕作质量。

总之，具有团粒结构的土壤通气、透水、保水、保肥，扎根条件均好，能满足植物生长发育的需要，使植物能"吃饱喝足住得舒适"，从而获得高产。因此，团粒结构是土壤最好的结构类型。

（三）创造良好土壤结构的耕作措施

1. 深耕结合施用有机肥

深耕使土体破裂松散，最后变成小土团，但是深耕不能创造稳固的良好土壤结构。因此，必须结合分层施用有机肥，增加土壤中的胶结物，并使土肥相融，才能形成稳固的良好土壤结构。

2. 合理耕作

耕、锄、耙、糖、镇压等耕作措施运用适时适当，都有助于土壤团粒结构的形成。如，伏耕晒垡，秋耕冻垡，犁冬晒白，雨后中耕破除板结，旱季镇压等，对创造良好土壤结构都是行之有效的方法。但进行不当，如在土壤过湿或过干时耕作，以及频繁镇压和耙糖，必然使土壤结构破坏，则达不到形成良好土壤结构的目的。

3. 合理轮作

不同的植物及不同的栽培方式、耕作措施，对土壤的影响差异很大。如块根、块茎植物在土中膨大，使团粒结构被机械破坏。而密植的植物因耕作次数少，覆盖度大，能防止地表风吹雨打，表土较湿润，加上根系的分割和挤压作用，有利于团粒结构的形成。但棉花、玉米等，由于中耕次数较多，土壤结构易被破坏。因此，进行合理轮作倒茬，能恢复和创造良好的土壤结构。另外，在轮作中加入一年生或多年生牧草，对创造良好土壤结构有更重要的作用。

4. 施用土壤结构改良剂

土壤结构改良剂是指能够将土壤颗粒黏结在一起形成团聚体的物质，包括天然土壤结构改良剂和人工合成土壤结构改良剂两种。从有机质、煤、泥炭等物质中提取的腐殖酸、多糖等胶结剂，属天然结构改良剂；聚乙烯醇、聚丙烯酰胺及其衍生物等高分子有机化合物，具有类似腐殖酸的黏结土粒的能力，属人工合成的结构改良剂。人工合成的结构改良剂具有用量少、胶结力强、形成团粒迅速、抗微生物分解和维持时间长（2~3年）等优点，目前应用在花卉、蔬菜、烟草等作物生产上，已收到较好的经济效益。

四、土壤耕性

（一）衡量土壤耕性的标准

土壤耕性是指土壤耕作时反映出来的特性，它是土壤物理机械性的综合表现。土壤耕性的好坏，根据以下三方面衡量：

1. 耕作难易

指耕作时农具所受阻力的大小，它决定耕作效率的高低及动力消耗的大小。耕作中，土壤对农具阻力大时，动力的消耗量大而耕作效率低，是耕性不良的表现。砂土耕作阻力小，省劲、省油、花工少；黏土则相反。群众形容易耕的土壤为"口松""土轻""绵软"，而耕作费劲的土壤为"口紧""土重""僵硬"。

2. 耕作质量好坏

耕性不良的土壤耕后起大坷垃，不易散碎，易漏耕重耕，耕后地面不平。相反，耕性好的土壤耕后疏松、细碎、平整，便于出苗扎根，有利于植物生长。

3. 宜耕期的长短

宜耕期指适宜耕作的时期。耕性好的土壤，雨后适于耕作时间长，表现"干好耕，湿好耕，不干不湿更好耕"。耕性差的土壤，雨后适于耕作的时间短，一般只有1~2天。通常是早上软，下午硬，只有中午才好耕，群众称它为"时辰地"。

（二）土壤耕性与土壤物理机械性的关系

土壤物理机械性主要包括土壤的黏结性、黏着性、可塑性等。土壤耕性的好坏受这些性质的影响。黏结性是土粒由于分子引力互相黏结在一起的性质，这种性质使土壤不易被破碎。黏着性是土壤在一定含水量时，黏附外物的性质，这种性质增加了土壤耕作的阻力。土壤可塑性是土壤在一定湿度范围内，在外力作用下被塑造成各种形状，当外力消失、土壤干燥后，仍保持其变化的形状的性能。土壤刚开始表现可塑性时的最低含水量为可塑下限。土壤失去可塑性，开始呈流体时的最大含水量，称为可塑上限。可塑上、下限间的含水范围称为可塑范围。土壤在可塑范围内耕作时，易形成僵硬的坷垃，土块不易破碎。

土壤物理机械性的强弱受土壤质地、结构、有机质含量及水分含量等因素的影响，而这些因素又都会影响土壤耕性。现分述土壤耕性受各因素的影响：

1. 土壤质地

黏质土壤土粒比表面积大，土粒间分子引力大，黏结性、黏着性、可塑性强。因而质地黏重，土壤耕作阻力大，耕作质量差，宜耕期短。反之，砂质土壤土粒比表面积小，粒间分子引力小，黏结性、黏着性、可塑性弱，易耕作，宜耕期长。

2. 有机质含量

腐殖质分子为疏松的网络结构，黏结性、黏着性、可塑性比黏质土壤弱，比砂质土壤强。因此，腐殖质可改善黏质土壤的耕性，又可促进砂质土壤的团聚，提高耕作质量。

3. 土壤结构

团粒结构土壤疏松多孔，易耕易种，耕性良好。块状、片状及柱状等不良结构土壤，土质黏重，有机质缺乏，耕性差。

4. 土壤水分含量

土壤物理机械性的强弱受土壤水分含量的影响。土壤含水分很少时，黏结性强而不显黏着性和可塑性；随着含水量增加，黏结性减弱，黏着性、可塑性出现，并逐渐增强，以后又减小。所以，就土壤含水量来说，旱耕宜在可塑下限附近进行，湿耕宜在可塑上限以上进行。

土壤的宜耕期主要取决于土壤含水量。只要选择在适当水分含量时耕作，耕性差的土壤也可获得较好的耕作质量。

我国农民选择宜耕与否的方法是：

（1）看土色，验墒情。雨后或灌水后，地表呈"喜鹊斑"状态，外表白（干），里面暗（湿），外黄里黑，相当于黄墒至黑墒的水分，半干半湿，水分正适宜。

（2）用手抓起二指深处的土壤，手握成团，但不黏手心，不成土饼，呈松软状态。松开土团自由落地，能散开，即为宜耕期。

（3）试耕，不黏农具。土垡可被犁壁翻转抛散。

第三节 土壤的化学性质

土壤的化学性质是指土壤矿质颗粒内、土壤胶体表面、土壤溶液中所发生的元素组成、物质结构、吸附、沉淀、溶解、迁移等化学过程，以及各种因素对这些过程的影响或作用，和这些化学过程对土壤的理化性质和肥力的影响。

一、土壤胶体

（一）土壤胶体的种类和构造

1.土壤胶体的种类按其成分和特性，主要有三种：

1）土壤矿质胶体：包括次生铝硅酸盐（伊利石、蒙脱石、高岭石等），简单的铁、铝氧化物，二氧化硅等。

2）有机胶体：包括腐殖质、有机酸、蛋白质及其衍生物等大分子有机化合物。

3）有机—无机复合胶体：土壤有机胶体与矿质胶体通过各种键（桥）力相互结合成有机—无机复合胶体。

在土壤中有机胶体和无机胶体很少单独存在，只要存在这两类胶体，它们的存在状态总是有机—无机复合胶体。

2.土壤胶体的构造

土壤胶体的构造有两种形式：晶形胶粒、非晶质胶体。

1）土壤胶体微粒构造

胶体的基本构造为微粒核和双电层。微粒核与双电层的内层合称为微粒团；微粒团和非活性补偿离子层合称为胶粒。胶粒与离子扩散层合称为胶体微粒或胶胞。

胶核是胶粒的核心，土壤胶体胶核是由二氧化硅、氧化铁、氧化铝、次生铝硅酸盐腐殖质等的分子团所组成的微粒核。

微粒核表面的分子向溶液介质解离而带有电荷，形成一个内离子层；在内离子层外面，由于电性吸引，形成带有相反电荷的外离子层。这两个电性相反的电层，称为双电层。（在双电层中，内离子层决定着胶体的电位，故又称决定电位离子层；外层与内层相反，故又称反离子层，亦称补偿离子层。补偿离子层的离子，因距离内层远近不同，所受的电性引力的大小也不同。距离近者受吸引力大，不能自由活动，这一部分离子层，称为非活性补偿离子层。距离内层较远的部分，受引力较小，活动性较大，并逐渐向溶液介质中过渡，称为活性补偿离子层或离子扩散层。）

（二）土壤胶体的性质

1.巨大的比表面和表面能

比表面是指单位重量固体颗粒的表面积。物体分割得愈细小，单体数愈多，总面积愈大，比表面也愈大。

土壤胶体根据其表面的位置，可分为内表面和外表面。

2.土壤胶体的带电性

所有土壤胶体都带有电荷。一般土壤胶体带负电荷，在某些情况下也会带正电荷。因为胶体具有带电性，与土壤的保肥供肥性、酸碱性、缓冲性等密切相关。因此，土壤胶体是土壤肥力最重要的基础物质，它深刻影响着土壤肥力。

3.土壤胶体的分散性和凝聚性

土壤胶体有两种状态，一种是均匀分散在水中的状态，称溶胶；一种是胶体微粒彼此联结在一起的状态，称凝胶。由溶胶变成凝胶的状态叫作胶体的凝聚作用；相反，凝胶分散成溶胶的状态叫作胶体的分散作用。

土壤胶体多带负电荷，所以土壤溶液中的阳离子能使土壤胶体凝聚。阳离子的价数愈高，同价离子半径愈大，所产生的凝聚作用愈强。土壤中常见阳离子的凝聚力大小依次如下：

$$Fe^{3+}>Al^{3+}>Ca^{2+}>Mg^{2+}>NH_4^+>K^+>Na^+$$

凝聚力弱的一价离子，浓度增大时，也可使溶胶变为凝胶。农业生产上利用干燥、冻结或晒田等方法增加土壤溶液的浓度，促进胶体凝聚，改善土壤结构。

胶体凝聚有可逆凝聚与不可逆凝聚。由一价阳离子引起的凝聚是强逆的；二价和三价阳离子引起的凝聚是不可逆的。这种凝聚形成的团粒结构具有水稳性，其中以 Ca^{2+} 的作用最明显。在碱土中由于胶体以 Na^+ 交换为主，胶体处于分散状态，使土壤结构不良。碱土施石膏，以 Ca^{2+} 交换 Na^+，就可使土壤胶体凝聚，改善土壤结构。

（三）土壤胶体与土壤肥力的关系

土壤胶体与土壤肥力的关系主要有以下几个方面：一是其吸附性与保肥性的关系，胶体既可以通过表面的物理吸附，也可以通过胶体的电性吸附，即离子交换作用，从而起到保肥与供肥的作用；二是土壤胶体表面吸附有一定的阳离子，通过阳离子交换作用，使土壤具备一定的缓冲能力，以防止由于施肥、大气沉降给土壤 pH 带来的剧烈变化，给植物生长和土壤物质转化提供一个稳定的酸碱条件；三是明显影响土壤结构的形成与破坏，胶体的凝聚促进土壤结构的形成，反之，不利于土壤结构的形成；四是其他方面的作用，例如胶体表面是土壤微生物的活动场所之一，胶体表面对土壤酶的吸附有利于保持土壤酶的活性，胶体表面对部分农药分子和离子以及重金属的吸附有利于环境保护。

总而言之，胶体是土壤中最活跃的成分，不但作用于土壤肥力和植物生长，而且是许多物质的物理、化学、物理化学及生物化学过程的作用场所。

二、土壤的吸收能力

土壤的吸收能力是指土壤保留可溶性养分胶体状态的有机质、活的微生物体以及粗悬浮物质的特性。这一特性与土壤保存养分和供应植物营养有关。在土壤的各种吸收性能中，以交换性吸收作用最重要。

土壤胶体表面吸收的离子与溶液介质中其电荷符号相同的离子相交换，称为土壤的离子吸收和土壤的离子交换作用。根据土壤胶体吸收与交换的离子不同，可分为阳离子的吸收和交换作用与阴离子的吸收和交换作用，简称土壤的离子交换（ion-exchange of soil），其中主要是土壤阳离子的交换。

1. 土壤中阳离子交换作用

1）阳离子交换作用：土壤中带负电荷的胶粒吸附的阳离子与土壤溶液中的阳离子进行交换，称为阳离子交换（吸收）作用（cation exchange）。阳离子交换作用具有以下几个特点：

（1）可逆反应并能迅速达到平衡

$$\boxed{胶粒} - C^a_a + bKCl \rightleftharpoons \boxed{胶粒} \begin{matrix} -Ca(a-x) \\ -K_{2x} \end{matrix} + (b-2x)KCl + xCaCl_2$$

（2）阳离子交换按当量关系进行即离子间的相互交换以离子价为依据做等价交换。例如，二价钙离子去交换一价钠离子时，一个 Ca^{2+} 可交换两个 Na^+。也就是说，40克的钙离子（1摩尔的钙）可以交换46克的钠离子（2摩尔的钠）。因为土壤胶体上交换性离子数量有限，一般用厘摩尔（+）每千克土或 $cmol(+)kg^{-1}$ 表示。

（3）一种阳离子将其他阳离子从胶粒上代换下来的能力，为阳离子代换力。

阳离子代换能力的大小，受下列几种因子支配：

①阳离子代换能力随离子价数增加而增大；

②等价离子代换能力的大小，随原子序数的增加而增大；

③离子运动速度愈大，交换力愈强；

④阳离子代换能力受质量作用定律的支配，即离子浓度愈大，交换能力愈强。

2）阳离子交换量：每千克土中所含全部阳离子总量，称阳离子交换量，或称交换性阳离子总量，也可简称交换量，以厘摩尔（+）每千克土或 $cmol(+)$ kg^{-1} 表示。不同土壤的交换量不同，受下列因素的影响。

（1）胶体的种类不同，其交换量也不同。黏土矿物的交换量一般是，蒙脱石＞水化云母＞高岭土；含水氧化铁、铝的交换量极微；有机胶体的交换量可高达150~700厘摩尔（+）每千克土。因此，腐殖质含量高的土壤交换量远高于黏土矿物。

（2）溶液的 pH 值是影响胶体负电荷的主要因素。一般随 pH 值的增加，土壤负电荷量随之增大，交换量增大。

3）土壤盐基饱和度：土壤交换性阳离子，包括 H^+ 和盐基离子，如 Ca^{2+}、Mg^{2+}、Na^+、K^+、NH_4^+ 等。交换性盐基离子总量占交换性阳离子总量的百分比，称为盐基饱和度我国土壤盐基饱和度大致以北纬33°为界，以北盐基饱和度较高，一般达80%，有的甚至100%；以南盐基饱和度较低，一般只有20%~30%，有的甚至少于10%。盐基饱和度高的土壤，交换性阳离

子以 Ca^{2+} 为主，其次是 Mg^{2+}，分别占 80% 和 15%。盐基饱和度低的土壤，交换性阳离子以 H^+ 和 Al^{3+} 为主。

2. 土壤中阴离子交换作用

土壤中带正电荷的胶粒所吸附的阴离子与土壤溶液中阴离子的交换作用，称阴离子交换作用（anion exchange）。

土壤中的阴离子有磷酸根（$H_2PO_4^-$、HPO_4^{2-}、PO_4^{3-}），硅酸根（$HSiO_3^-$、SiO_3^{2-}），有机酸根（COO^-），氯根（Cl^-），硝酸根（NO_2^-、NO_3^-），硫酸根（SO_4^{2-}）等。

阴离子交换强度顺序如下：

氟离子 > 草酸根 > 柠檬酸根 > 磷酸根 > 醋酸根 > 碳酸根 > 氯离子 > 硝酸根。

阴离子的吸收，受溶液浓度的影响很大，随着浓度的增加，吸收交换量增加。阴离子的吸收，也受土壤酸度的影响，随着 pH 值的增加，吸收量降低。

3. 土壤的其他吸收作用

根据苏联土壤学家 K.K. 盖德罗伊茨对土壤吸收作用的分类，土壤除具有上述物理化学吸收作用外，还有机械、物理、化学和生物吸收作用。

1）土壤机械吸收作用：土壤对进入其内部固态物质的机械阻留作用。例如，有机残体、粪便残渣、饼肥、骨粉、磷矿粉以及其他颗粒状肥料等。如它们的粒径大于土壤孔径，且在水中不溶解，则可被土壤阻留在一定的土层中。阻留在土层中的物质可被土壤转化利用，起到保肥的作用，其保留的养分通过转化可被植物吸收利用。

2）土壤物理吸收作用：又称为非极性吸收，或分子吸收作用。主要是指土粒表面对分子的吸附能力。质地越黏重的土壤，物理吸收作用越明显；反之，物理吸收作用较弱。施用铵态氮肥后，用土壤覆盖可以减少氨挥发损失，其原理就是土粒表面吸收氨分子，增加了氨扩散到空中的阻力。除氨以外，还有一些有机酸（如尿囊酸等）、醇、生物碱等可被土壤表面吸附。

3）土壤化学吸收作用：土壤溶液中可溶性物质生成难溶性物质的沉淀过程，称为化学吸收作用。通过化学吸收保留的养分一般对当季植物无效，但可缓慢释放出来供后茬植物或下一生育期吸收利用。例如，可溶性的磷酸钙与石灰性土壤中的碳酸钙反应，生成难溶性的磷酸钙盐或与酸性土壤中的铁、铝离子生成磷酸铁或磷酸铝沉淀。化学吸收作用的实质是养分的固定作用。

4）生物吸收作用：生物吸收作用实际是指生物有机体对土壤养分的选择性吸收，并以有机质形式在土壤中积累的过程。这种作用的效应是，使土壤中积累的养分元素和含氮的有机质，再通过微生物的分解，重新释放出来，以供植物利用。

三、土壤的酸碱性

土壤酸碱性是土壤的基本性质，也是重要的化学性质，它是影响植物生长、微生物活动与土壤肥力的重要因素之一，对土壤的物质转化起到重要的作用。

（一）土壤酸碱性的概念

土壤中溶解有很多物质，其中有的能产生氢离子（H^+），有的能产生氢氧根离子（OH^-）。土壤溶液中 H^+ 浓度大于 OH^- 浓度时，土壤显酸性；OH^- 浓度大于 H^+ 浓度时，土壤显碱性，这种性质称土壤的酸碱性。通常把土壤酸碱性强弱的程度称为土壤酸碱度。土壤中 H^+ 的主要来源是：CO_2 溶于水形成的碳酸，有机质分解产生的有机酸，氧化作用产生的无机酸，施肥加入的酸性物质，土壤胶体吸附的 H^+ 等。我国土壤一般表现为南酸北碱。

（二）土壤酸度

1. 土壤酸度的概念

土壤酸性物质最初来源于岩石的风化。土壤中的生物活动也能产生酸性物质，特别是根系生长，它能向土壤中分泌较多的小分子有机酸。另外，施肥也能给土壤补充酸性物质。一是肥料本身含有酸性物质；二是肥料施入土壤后，由于植物根系的选择性吸收或土壤微生物的转化而产生的酸性物质，也就是酸性肥料。

2. 土壤酸度存在的形式

主要有两种存在形式：一种是以游离状态存在于土壤中的氢引起的酸度，称为活性酸度；一种是由吸附在土壤胶粒周围的氢离子或铝离子所引起的，称为潜性酸度。

1. 活性酸度

活性酸度指土壤的有效酸度。通常用 pH 表示，主要来自碳酸、重碳酸、硫酸、硝酸、磷酸及有机质分解产生的有机酸。用 pH 值表示，一般可分以下几级：

极强酸性 pH<4.5

强酸性 pH4.5~5.5

酸性 pH5.5~6.5

中性 pH6.5~7.5

微碱性 pH7.5~8.5

强碱性 pH8.5~9.5

极强碱性 pH>9.5

2.潜性酸度

潜性酸度指土壤胶体上吸附的 H^+ 和 Al^{3+} 被交换下来，进入土壤溶液中显示的酸度。当它们未被交换下来时，并不显示酸性，所以称它为潜性酸度，通常用 cmol（H^+）kg^{-1} 表示。

土壤中活性酸和潜性酸能互相转化，即潜性酸可被交换出来变成活性酸，活性酸也可被胶体吸附变为潜性酸。一般潜性酸数量比活性酸大得多。改良酸性土壤必须根据潜性酸的含量来确定石灰施用量。

（三）土壤碱度

土壤溶液中 OH^- 浓度超过 H^+ 浓度时，土壤呈碱性。OH^- 主要来源是土壤中的碳酸钠与碳酸氢钠等盐类的水解，以及胶体上交换性钠被交换到溶液中，使土壤 OH 增加而显碱性。土壤交换性钠是土壤产生碱性的主要因素。交换性钠占阳离子交换量的质量分数，称为土壤碱化度。它是土壤碱化程度的主要指标。

（四）土壤酸碱度与土壤肥力及植物生长的关系

1.pH 对养分有效性的影响

土壤中氮素主要是有机态的，有机质在接近中性的条件下矿化作用最顺利，有效氮的供应也多。土壤中的磷在 pH 为 6.5~7.5 时有效性最高，pH 低于 6.5 时，土壤中含有较多的铁、铝，与磷形成难溶性磷酸铁、磷酸铝，磷的有效性降低；当 pH 在 7.5~8.5 时，磷与土壤中的 Ca^{2+} 形成难溶性磷酸钙，有效性降低；pH 大于 8.5 时，形成可溶性碱金属磷酸盐而有效性增大，但土壤碱性过强不利于植物生长。

在酸性土壤中，钾、钙、镁易被淋洗而缺乏。铁、锰、铜、硼、锌在酸性土壤中有效性高，在碱性土壤中有效性低。

细菌、放线菌可生长在酸性、碱性、强碱性环境中，但强酸性环境不利于其生长；真菌不受酸碱环境的影响。

2.pH 对土壤物理性质的影响

酸性或碱性过强的土壤，土壤结构被破坏。酸性过强的土壤，Fe^{3+}、Al^{3+}、H^+ 使土壤胶结成大块，坚硬，不易破碎。碱性过强的土壤，Na^+ 过多，胶体分散，土壤结构被破坏。

3.pH 对植物生长的影响

植物本身的生理特点不同，对土壤的酸碱度亦有不同的要求和适应范围。一般植物在中性或近于中性的土壤中生长最好，有些植物对土壤酸碱反应比较敏感。根据植物的生长状况，能看出土壤的酸碱性，这些植物被称为指示植物。如酸性土壤指示植物有映山红、石松等；盐碱土指示植物有碱蓬、猪毛菜等。

（五）土壤酸碱性的调节

过酸或过碱的土壤都不利于植物生长，必须采取措施改良。改良酸性土壤最常用的是施石灰，因为石灰中的 Ca^{2+} 交换土壤胶体上的 H^+，使胶体吸附 Ca^{2+}，改良土壤酸性。石灰用量按潜性酸计算，不宜用量过大，否则将引起土壤板结，降低磷素及铁、锰等元素的有效性。改良碱性过强土壤施用石膏（$CaSO_4$）、硫黄（S）及黑矾（$FeSO_4$）。

其次，在酸性土壤上施用生理碱性肥料，如硝酸钠等；在碱性土壤上施用生理酸性肥料，如氯化铵、硫酸铵等，以及施用有机肥料，都有调节土壤酸碱性的作用。

四、土壤缓冲性

（一）概念

在一定的条件下，土壤阻止酸度变化的能力，称为土壤的缓冲能力。它说明土壤在一定范围内具有缓和酸碱物质、稳定土壤反应的能力，因此可以避免因施肥、生物活动而影响土壤酸碱度的激烈变化。

（二）影响缓冲能力的因素

1. 黏粒的含量

土壤质越细，黏粒含量越高，土壤的缓冲性越强；相反，质地越粗，则黏粒含量少，土壤的缓冲能力越弱。

2. 无机胶体的类型

比表面大、带负电量多的无机胶体，其缓冲能力强。因此，次生黏土矿物的缓冲性次序是：蒙脱石＞水云母＞高岭石＞铁铝氧化物及其含水氧化物［2：1（胀缩性矿物）＞2：1（非胀缩性矿物）＞1：1型矿物＞FeAloxide］。

3. 有机质的含量

由于有机胶体的比表面和带负电量远大于无机胶体，且部分有机质是两性物质。因此，土壤有机质的缓冲能力亦远大于无机胶体。所以，有机质含量越高的土壤，其缓冲性能越强。

（三）土壤缓冲性能的调节

反映土壤缓冲性能的指标是缓冲容量，它是指使单位量土壤溶液的 pH 改变一个单位所需要加入的酸量或碱量。如加入的酸或碱量大，则该土壤的缓冲容量大，其缓冲能力强；反之，土壤的缓冲容量小，其缓冲能力弱。缓冲容量的大小主要反映了土壤抵抗外来酸碱所引起的 pH 变化的能力，如缓冲容量大，则土壤的 pH 变化小。而稳定的土壤酸碱状况，为植物的根系和微生物的生命活动创造了良好的条件，是高产土壤的前提条件。增加土壤有机质和提高土壤 pH 是提高土壤缓冲容量的主要措施。

第四节 土壤肥力的因素

一、土壤生物

土壤生物是栖居在土壤中的各种生物体的总称，它们数量很多，是土壤中有生命活力的部分，对土壤的形成和发育、土壤肥力、土壤中物质的转化、植物生长等有着重要的影响。

（一）土壤生物概况

土壤中生物种类繁多，数量巨大，主要包括土壤动物、土壤微生物和高等植物的根系。一般来说，土壤中生物量越大，土壤越肥沃；从土层分布来说，则表土中的生物量要大于底土。

土壤动物是指在土壤中度过全部或部分生活史的动物，土壤动物种类多、数量大，常见的有鼠类、蛙类、蛇、蚁类、蜘蛛类、蜈蚣类、蚯蚓类、线虫、原生动物（变形虫、鞭毛虫、纤毛虫）等。土壤动物的生命活动能疏松土壤，有助于土壤的通气和透水，有利于使土壤的有机质和矿物质充分混合，可以机械地粉碎有机残体，便于微生物的分解。另外，动物的排泄物又是土壤有机质的来源之一。

土壤微生物是指土壤中肉眼无法辨认的微小生物，是土壤中生命活动最旺盛的部分，是土壤具有生物活性的主要物质，土壤微生物种类多、数量大、繁殖快，主要有细菌、真菌、放线菌和藻类。一般1克土壤中的微生物有几亿到几十亿个，土壤愈肥沃，微生物的数量也愈多。土壤微生物对于土壤有机质的转化、植物营养的供给和土壤肥力的提高都有重要影响。

高等植物的根系生长有利于富集土壤养分、疏松土壤及土壤团粒结构的形成。根系在生长过程中，不断向外界分泌有机和无机物质，为微生物提供了充足的养分，加之根系的生长对水汽状况的改善，使根系周围形成了一种特殊的生活环境。一般将距根表2毫米的土壤范围称为"根际"。土壤微生物大量集中在根际，直接影响着植物的营养和生长。

（二）土壤微生物

1. 土壤微生物的形态类型

根据土壤微生物的形态构造，分为细菌、真菌、放线菌和藻类等。

如图：土壤中微生物的主要形态

（a）　　　　　（b）　　　　　（c）　　　　　（d）

（a）细菌：1.弧菌；2.梭菌；3.杆菌；4.根瘤菌；5.固氮菌；6.球菌。

（b）真菌：1.青霉；2.镰刀菌；3.毛霉；4.曲霉；5根霉；6.酵母菌。

（c）放线菌的气生菌丝：1、5.卷曲放线菌；2.轮生放线菌；3、4.直生放线菌。

（d）藻类和原生动物：1.小球藻；2.念珠藻；3.大颤藻；4.硅藻；5.链球藻；6.衣藻；7.变形虫；8.鞭毛虫；9.纤毛虫。

1）细菌

细菌是一类单细胞生物，是土壤微生物中种类最多、数量最大、分布最广的生物。按个体外形可分为球菌、杆菌和螺旋菌等；按作用来分，土壤中常见的有碳水化合物分解细菌、氨化细菌、硝化细菌、根瘤菌、硫酸盐还原细菌、自生固氮菌等。大多数细菌适宜于 pH6.5~7.5 的中性土壤条件。细菌参与许多土壤生物化学过程，如有机质的矿质化与腐质化、土壤养分的转化、生物固氮等。

2）真菌

真菌大多数为多细胞的生物，在外形上多呈分支状的菌丝体，种类很多，数量是土壤菌类中最少的，有酵母、霉菌和蕈类，主要是霉菌。真菌的数量不多，但生物总量多于细菌和放线菌，主要集中在土壤表层活动。它们分解有机残体的能力很强，纤维素、酯类、木质素、单宁等较难分解的有机质也能被其分解。真菌适宜于通气良好和酸性的土壤，最适宜在 pH 为 3~6 的酸性土壤中，在森林的残落物层，尤其是针叶林的残落物中占优势。

真菌的菌丝侵入一些高等植物的根部与之共生，称为菌根，如栎、冷杉、松、杨等。菌根能增强植物的吸收能力，还可以保护根系免受一些病原菌的感染。

3）放线菌

放线菌是单细胞生物，单细胞延伸成为菌丝体，个体大小介于细菌与真菌之间，数量上仅少于细菌。放线菌分解纤维素和含氮有机物的能力较强，对营养要求不甚严格，能耐干旱和较高的温度，对酸碱反应敏感，在 pH < 5 时生长即受到抑制，最适 pH 为 6.0~7.5，也能在碱性条件下活动。放线菌的代谢产物中有许多抗菌素和激素物质，有利于植物抵抗病害并促进生长。

4）藻类

很多的土壤藻类含有叶绿素，个体细小，可以进行光合作用，因此主要分布在光照和水分充足的土壤表面。土壤藻类主要有蓝藻、绿藻和硅藻，蓝藻中有些能固定空气中的氮素，所以它们对增加土壤有机质、促进微生物活动及土壤养分转化都有一定意义。

2. 土壤微生物的生理类型

土壤微生物根据摄取营养物质的特点和最初能量的来源，分为自养型和异养型微生物两类。

1）自养型微生物

自养型微生物（无机营养型）能直接利用空气中的 CO_2 和氧化无机物产生的化学能或太阳能而生存，如硝化细菌、硫细菌等。自养型微生物在土壤中的作用是能为土壤积累有机质，促进土壤养分的转化，并消除还原性有毒物质在土壤中的积累。

2）异养型微生物

异养型微生物（有机营养型）依靠分解有机物获得能量和养分而生存。土壤中的真菌、放线菌及绝大多数细菌都是异养型的。异养型微生物按其生活方式不同，可分为腐生菌和寄生菌。腐生菌以死的有机体为碳源，它们多数是有益的，对土壤有机质的转化起重要作用；而寄生菌以活的有机体为碳源，它们大多数是植物的病源菌。

土壤微生物根据对 O_2 的需求状况，可分为好气性、嫌气性和兼气性微生物三类。只能生活在有 O_2 条件下的微生物称为好气性微生物，如真菌、放线菌和大多数的细菌；生活中不需要 O_2 的微生物称为嫌气性微生物，如甲烷细菌等；在有无 O_2 的条件下均能正常生活的微生物称为兼气性微生物，如氨化细菌等。

（三）土壤微生物的作用

土壤微生物的主要作用是转化土壤有机质。首先，土壤有机质的转化离不开土壤微生物：一方面，有机物质通过微生物的分解，变成植物可直接吸收利用的无机养分；另一方面，有机物经过微生物的分解和合成作用，合成腐殖质。其次，微生物转化有机质过程中所释放出的热量，有利于土温的提高。第三，土壤微生物生命活动过程中的某些代谢产物，如生长素、抗生素、氨基酸等，能被植物吸收利用，促进或刺激植物生长，有些微生物分泌的抗菌素可以抑制某些病原菌的活动。第四，土壤中的酶，如淀粉酶、纤维素酶、蛋白酶等，积极参与土壤中许多重要的生物化学反应，直接影响土壤中各种物质的转化，而土壤酶主要由土壤微生物产生。第五，土壤微生物对某些有害物质的分解可增强土壤的自净能力。

二、土壤有机质

土壤中的有机质是土壤的重要组成部分。它在土壤中的含量很少，但作用却很大。它还含有各种营养元素，而且对土壤微生物的生命活动，对土壤的水、气、热等肥力因素，对土壤结构和耕性等都有着重要的影响。因此，土壤有机质含量高低是评价土壤肥沃性高低的一个重要指标，如表：

肥力水平	低	较低	中等	较高	高
有机质含量 /%	<5	5 ~ 10	10 ~ 12	12 ~ 15	>15

（一）土壤有机质的来源和组成

1. 来源：土壤有机质主要来源于微生物和少量动物死亡后的残留体、地面植物残落物，其中最多的是植物残留体。这些物质在一定条件下，经微生物活动进行分解或重新合成新的物质。施入土壤中的有机肥料也是土壤有机质的重要来源。

2. 组成：有机质进入土壤后，在微生物的作用下发生了一系列的分解、合成等转化过程。从有机物的种类来看，主要是纤维素、半纤维素、木质素、蛋白质、脂肪、树脂和腊质等。由于土壤有机质的转化过程相当复杂，所以组成土壤有机质的化合物是非常复杂的，归纳起来可以分为非腐殖质和腐殖质两大类。大致有以下几种：有新鲜的有机质、已经发生变化的半分解有机残余物及腐殖质。非腐殖质包括新鲜的有机质和半分解的有机质，新鲜的有机质主要是土壤中未分解的生物遗体；半分解的有机质是新鲜有机质经微生物的分解作用，已破坏了最初的结构，而变成了分散的暗黑色小块。非腐殖质可用机械方法把它们从土壤中分离出来，其总量占土壤有机质的10%～15%。腐殖质是有机物质经过分解再合成的一类深色高分子有机化合物，它与矿物土粒紧密结合，不能用机械方法分离。腐殖质占土壤有机质总量的85%～90%，是土壤中有机质的主体。土壤腐殖质又称为特殊有机物。

（二）土壤有机质的转化过程

有机残体进入土壤后，在微生物作用下进行复杂的转化，归纳为两个过程，即有机质的矿质化过程和腐殖化过程。如图：

1. 土壤有机质的矿质化过程

土壤有机质的矿质化过程是指把复杂的有机质分解成简单物质的过程，进入土壤的有机残体，其有机化合物归纳为：不含氮有机化合物和含氮有机化合物两大类。

不含氮有机化合物包括糖类、脂肪、树脂、单宁及木质素等，这些物质因分子结构不同而分解难易度不同，单糖最易分解，脂肪、纤维素、树脂及单宁分解很慢，木质素最难分解。不含氮有机

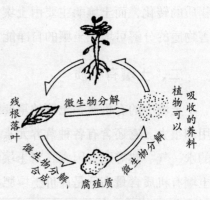

土壤有机质的分解与合成示意图
（引自陈忠焕《土壤肥科学》1995年）

物在通气条件下分解较快、较彻底，最终产物为 CO_2、H_2O，同时放出大量热能；在嫌气条件下分解较慢、分解不彻底，形成有机酸类和 CH_4、H_2 等还原性物质，脂肪、树脂会产生醌类或形成沥青，木质素抗分解而积聚起来。

土壤中含氮有机物主要是蛋白质、腐殖质、氨基酸、尿素等。这些化合物较易分解，分解产物是植物氮素养分的主要来源，现以蛋白质为例加以说明。

1）水解作用：蛋白质在微生物分泌的蛋白酶的作用下水解，产生氨基酸。

2）氨化作用：氨基酸在微生物及其酶的作用下分解，释放出氨（在土壤中形成铵盐）。氨化作用在氧化或还原条件下均可进行。

3）硝化作用：即氨被氧化为硝酸的作用。这个作用分两步，第一步，

氨在亚硝酸细菌作用下，氧化为亚硝酸；第二步，亚硝酸在硝酸细菌作用下氧化为硝酸。硝化作用是氧化作用，须在空气流通条件下进行。生成的硝酸与土壤中盐基物质作用形成硝酸盐，硝酸离子易被植物吸收。

4）反硝化作用：硝酸盐还原成氮气而损失氮的作用，多发生在通气不良和富含新鲜有机质的土壤中。在这种条件下，反硝化细菌利用硝酸盐来氧化有机质，使硝酸盐还原。另处，含磷有机质如核蛋白、卵磷脂等经过磷细菌作用，分解产生磷酸，被植物吸收利用。

含硫化合物的分解。一些蛋白质和酶中都含有硫，它们分解时产生 H_2S，对植物有毒害作用。H_2S 在空气流通的情况下，可被硫化细菌氧化成为 H_2SO_4。H_2SO_4 与盐基离子作用形成盐类，是植物硫的来源。

矿化过程的速率用矿化率来表示，即每年因矿化而消耗的有机质占土壤有机质总量的质量分数。有机质矿化率为平均每年 2%～3%。

总之，土壤有机质的矿质化过程是释放养分的过程，可为植物和微生物提供养分，为微生物活动提供能量，并为土壤有机质的腐殖化提供基本原料。在通气良好条件下，以好气性微生物活动为主，有机质分解快而彻底，并放出大量的热能；在通气不好的条件下，以嫌气性微生物活动为主，有机质分解慢而不彻底，易产生一些中间产物及还原性有毒物质，释放的热量少。

2. 腐殖化过程

土壤有机质的腐殖化过程是指有机质在微生物作用下，重新合成新的更为复杂的特殊有机质——腐殖质的过程。腐殖质的形成是一个复杂的过程，概括起来大体分为两个阶段：第一阶段是微生物将有机残体转化为组成腐殖质的材料，如多元酚、含氮有机物（氨基酸、肽）等；第二阶段是在微生物分泌的多酚氧化酶作用下，将多元酚氧化为醌，醌与氨基酸或肽综合形成腐殖质。如图：

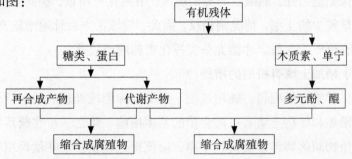

可见，腐殖化过程与矿质化过程是两个相反的过程，是积累养分的过程，并且腐殖化过程对土壤性状和肥力有着重要的影响。

（三）土壤有机质的作用

土壤有机质含量与土壤肥力水平密切相关，对土壤性状、作物生长和化肥的施用影响很大，主要表现在三个方面：

（1）植物养分的重要来源。土壤有机质分解以后可为植物提供各种养分，特别是氮素。因为土壤矿物质一般不含氮素，除施入的氮肥外，土壤氮素的主要来源就是有机质分解后提供的。土壤有机质分解所产生的二氧化碳，可以供给绿色植物进行光合作用的需要。此外，有机质也是土壤中磷、硫、钙、镁以及微量元素的重要来源。所以有机质多的土壤，养分含量也就多，化肥可以适当少施。

（2）提高土壤的保蓄性和缓冲性。土壤有机质中的有机胶体，带有大量负电荷，能吸附大量的阳离子和水分，其阳离子交换量和吸水率是黏粒的几倍甚至几十倍，所以它能提高土壤保肥蓄水的能力，同时也能提高土壤对酸碱的缓冲性。

（3）改善土壤物理性质。土壤有机质的黏性远远小于黏粒的黏性，只是黏粒的几分之一。一方面，它能降低黏性土壤的黏性，减少耕作阻力，提高耕作质量；另一方面，它可以提高砂土的团聚性，改善其过分松散的状态。土壤有机胶体是形成水稳性团粒结构不可缺少的胶结物质，所以有助于黏性土形成良好的结构，从而改变土壤孔隙状况和水、气比例。此外，由于有机质色暗，有利于吸热，可以提高地温。

根据土壤有机质的这些重要性质和作用，不难看出，土壤有机质含量多的土壤，其土壤肥力水平较高，不仅能为作物生长提供较丰富的营养，而且土壤保水保肥能力强，能减少养分的流失，节约化肥用量，提高肥料利用率。有机质含量较少的土壤，情况则相反。因此，应该千方百计地增施有机肥料，提高土壤有机质的含量，才能充分发挥化肥的增产效益。

（四）增加土壤有机质的措施

第一，增施有机肥料。施用堆肥、沤肥、绿肥或处理后的生活垃圾等有机肥料是增加和保持土壤有机质含量的基本措施。第二，植物凋落物归还土壤。园林植物凋落物经常被清扫干净，应该把这些枯枝落叶就地填埋或集中堆沤后施用，以增加土壤的有机质含量。第三，种植地被植物或可观赏的绿肥。灌木下种草本花草、豆科植物等，残根落叶可增加土壤的有机质含量，又起到绿化环境的作用。第四，利用花木修剪下来的残体直接施入土壤或堆沤后施用。第五，调节土壤水、气、热状况，控制有机质的矿化。

通过合理灌溉、耕翻等措施来调节土壤水、气状况和温度，达到调节土壤有机质分解和积累的目的。

三、土壤的水分、空气、热量

（一）土壤水分

土壤水分是组成土壤的主要部分，也是土壤肥力的重要因素之一，而且是最积极、最活跃的因素，植物生长、微生物的活动、有机物质的合成与分解必须有水分才能进行。另外，土壤水分的变动，对土壤空气、温度和有效养分的含量都起直接的促进和抑制作用。因此，了解土壤水分的性质及其移动规律，调节土壤中有效水的含量，是生产中很重要的一个环节。

1. 土壤水分的类型

当水进入土壤后，受到土壤中各种吸力的作用，即土粒表面的吸附力、毛管孔隙的毛管力和重力等。由于水分受到的吸力不同，因而形成不同的水分类型，并具有不同的性质。

1）吸湿水：干燥的土壤借助于土粒表面的分子引力吸附空气中的气态水，称为吸湿水。风干土所含水分即是吸湿水。吸湿水受土粒表面的吸力很强，具有固态水性质，无溶解能力，常温下不能移动，因此它是植物不能利用的无效水。

土壤吸湿水的含量，首先决定于空气的相对湿度。相对湿度越高，土壤吸湿水越多。当空气中的水汽达到饱和时，土壤吸湿量达最大值，此时的土壤含水量称为吸湿系数。另外，吸湿水量的多少还和土壤质地、有机质含量有关，土质愈黏，有机质含量愈高，土壤吸湿水愈多。

2）膜状水：吸湿水达到最大时，土粒的剩余吸附力还可吸附一部分液态水，在土粒周围形成水膜，称为膜状水。膜状水能从水膜厚的地方向水膜薄的地方移动，但速度很慢。膜状水外层水距土粒中心相对较远，受到的引力较小，可以被植物利用，称为有效水。在可利用的膜状水消耗完之前，植物就会因缺水而萎蔫。植物发生永久萎蔫时的土壤含水量，称为萎蔫系数或凋萎系数。

3）毛管水：借助毛管力的支持，保存在土壤孔隙中的液态水。毛管水是植物可利用水分的主要类型。根据它与地下水连通的有无，将毛管水分为毛管悬着水和毛管上升水。

①毛管悬着水：地下水位较深，降水或灌溉后，水分下渗，保持在土壤上层毛管中的水分，与地下水不相连接，这种毛管水称为悬着水，多分布在地势较高处。

②毛管上升水：地下水位较浅，地下水借毛管引力上升而保存在土壤中的水分，称为毛管上升水或支持毛管水。毛管水上升高度和速度，与土壤中毛管孔隙的大小有关，即随不同的质地而有差异：砂土中毛管水上升速度快而高度低；黏土中毛管水上升速度慢而高度有限；壤土中毛管水上升速度很快而且高度大。

4）重力水：当表层土壤中的毛管充满水分以后，再有多余的水分就沿大孔隙（非毛管孔隙）向下渗漏，这种受重力支配而下移的水分称为重力水。重力水可以成为地下水的给源。重力水也是植物可以吸收利用的水分，但它在土壤存留时间较短，由于重力水的下渗，往往造成可溶性养分的流失。长时间降水，也会导致土壤空气不足而影响根系发育。

2.水分常数及有效性

1）水分数量的表示方法

土壤的实际含水量称为自然含水量，其数量一般用百分率或容积百分率表示。

$$自然含水量\% = \frac{水分重量（克）}{烘干土重量（克）} \times 100\%（烘干土指在 105℃烘干后的土重）$$

$$自然含水量\%（容积）= \frac{水分重量（立方厘米）}{土壤总体积（立方厘米）} \times 100\% = 自然含水量\% \times 容重$$

2）土壤水分常数

土壤中保持的水量，称为土壤蓄水量。在一定的条件下土壤蓄水量的数值，就是土壤水分常数。土壤水分常数可以明确反映出土壤、植物与水分三者的关系和土壤水分的有效程度。主要的水分常数有以下几个。

①吸湿系数：又称最大吸湿量。在空气相对湿度饱和时，土壤达到最大量的吸湿水，称为吸湿系数。其大小与土壤的比表面积和有机质含量有关。

②凋萎系数：当土壤水分供应不足时，植物呈现永久萎蔫时的土壤含水量，称为凋萎系数。通常用向日葵作为测定指标，也可用吸湿系数乘以1.34，间接算出凋萎系数。它包括吸湿水和膜状水的一部分。凋萎系数的大小，随植物种类、土壤质地、有机质含量而不同。

③田间持水量：当土壤孔隙全部充水后，由于重力作用渗漏后所余下的水分称为田间持水量，包括吸湿水、膜状水和毛管悬着水。田间持水量的大小与土壤孔隙、质地和有机质含量有关。结构良好，有机质含量高的黏质土壤，田间持水量高。

④全容水量：是土壤全部孔隙为水所饱和时的含水量。自然情况下，只有在灌大量水和降雨时或土壤排水不良时才能达到全容水量。

3）土壤水分的有效性：是指土壤水分能否被植物吸收利用及其难易程度。植物能够吸收利用的水分称为有效水。土壤有效水的下限为萎蔫系数，上限为田间持水量。所以，田间持水量与萎蔫系数之差就是土壤有效水最大含量。

3. 影响土壤水分的因素

1）气候：大气降水可以补充土壤水分。干旱炎热会蒸发消耗水分。我国北方地区降水少，蒸发量大，土壤严重干旱。南方气候温暖，雨量充足，有利于植物生长。

2）地形：地形影响水分的再分配。低地水分积聚；地势平坦的平原，土壤表面均匀受水；坡地易造成地表径流，引起水土流失。坡向不同，土壤墒情各异：阳坡干旱；阴坡湿润，蒸发量小，水分较丰富。

3）地表覆盖：植物覆盖，有利于水分的渗透，防止土壤冲刷，减少地表蒸发，有利于土壤水的保存。

4）土壤的物理性状：土壤质地、结构、孔隙状况、有机质含量等，影响土壤的透水和保水能力。改善土壤的物理性状，是增加保水、蓄水的重要技术措施。

5）人类的生产活动：营造防护林，种草护坡，扩大绿地面积，合理的田间管理，人工降雨，兴修水利，充分利用自然水源，修建水库、梯田、阶地等，对改善水分状况有重要的影响。

4.土壤水分的管理和调节

水分调节的原则是：促进地表水分尽快渗透，减少地表径流，防止冲刷和减少地面蒸发，消除杂草，节约用水，充分发挥有效水的效能。因此，应采取下列措施：

1）积水地区应栽喜湿植物，修筑排水渠及时排水。

2）在干旱地区应特别注意合理灌水。灌水应根据植物生长发育规律，制订灌水计划，充分发挥水分效益。当前采用的方法有：①地下灌溉：设管道于地下，防止无益蒸发，减少漏水损耗。②人工降雨喷灌：经管道加压，从管口喷出水分，灌溉一定面积。人工降雨用水少，水分点滴入地，充分发挥有效水的功能。③滴灌：用管道通过滴头加压滴水进行灌溉，它比喷灌更节约用水。

3）改良土壤结构，扩大有效水的范围。

4）适当的田间管理，及时中耕除草，减少水分无益消耗。

5）增加覆盖面积，防止蒸发，提高土温，以利于植物吸收水分和生长。

二、土壤空气

存在于土壤孔隙中的气体总和为土壤空气。它既是土壤的气象组成，也是土壤的肥力因素。土壤空气对土壤的形成和变化，养分的转化等土壤理化过程都有极其重要的影响。

（一）土壤空气的组成及特点

土壤是一种多孔体，在水分饱和的情况下，空气填充孔隙。这些空气来自大气和土壤生物活动产生的气体交换。土壤空气组成与近地面大气基本相似，由于土壤生物的影响，与大气相比又有一定差异，土壤空气与大气组成的比较如图表：

土壤空气与大气组成的体积分数比较 /%

气体	O_2	CO_2	N_2	其他气体
近地面大气	20.94	0.03	78.08	0.95
土壤空气	18.0 ~ 20.03	0.15 ~ 0.65	78.8 ~ 80.24	——

与大气相比，土壤空气的组成特点如下：

1. 土壤空气中的二氧化碳的含量高于大气，其原因是土壤中生物呼吸释放了二氧化碳。少数土壤中，碳酸盐类矿物溶解也能释放出一定的二氧化碳。

2. 土壤空气中的氧气含量低于大气，这是因为生物呼吸不断消耗氧气所致。大气与土壤空气交换不及时也是原因之一。

3. 土壤空气的相对湿度比大气高，这是因为植物生长的土壤的水势远低于大气，所以不断有水分蒸发成为气态水。

4. 土壤空气中有时像甲烷等还原性气体的含量远高于大气。还原性气体通常在水分饱和的土壤中产生，如它们的浓度很高，可能会不利于植物的生长。

5. 土壤空气各成分的浓度在不同季节和不同土壤深度内变化很大，主要作用因素是植物根系的活动和土壤空气与大气交换速率的大小。如根系活动弱，且交换速率快，则土壤空气与大气成分浓度相近；反之，两者的成分浓度相差较大。

（二）土壤的通气性和气体交换

1. 土壤透气性：就是指土壤空气透入的性能。它是土壤的重要性能之一，影响着土壤微生物活动、种子发芽和根系的生长发育，也影响着土壤的其他性状。

2. 决定土壤透气性的因素

1）土壤孔隙状况：当土壤毛管孔隙占 10% 以上，土壤透气性良好，即使土壤达到田间持水量时，就会影响透气性。

2）土壤结构：在结构土壤中，水和空气各占一定的孔隙，二者关系协调。

3）土壤质地和土壤有机质含量：质地轻和富含有机质的土壤，通气良好；相反，质黏重，缺乏有机质的土壤，通气性差。

3. 土壤空气和大气的交换

按照大气和土壤空气对流规律，由于气压、水分含量、孔隙状况的不同，进行气体交换。这种交换过程的作用主要有以下几方面：

1）扩散作用：二氧化碳和氧不断地变化着，各自按照分压梯度面流动。

2）风的影响：风一方面带进大气成分，另一方面从土壤中携走空气。

3）温度的日变化和四季变化：土壤温度和气温总是有差别的，当气温低于土壤温度时，土壤中的热空气与大气冷空气对流，土壤空气得到更新。因此，大气的温度日变化和年变化，引起土壤空气有规律的变化。

4）土壤的含水量：水分进入土壤，排挤空气；水分消耗，空气复入土壤。因此，土壤含水量和空气容量互相消长，从而不断地给土壤补充新鲜空气。

5）气压：随气压不断变化，土壤气压和大气压不同，空气容量也不一样。

（三）土壤空气的调节

1. 合理耕作：精耕细作，深耕松土，可使土壤疏松通气，增加非毛管空隙，促进空气交换。黏重、缺乏有机质、结构差、易板结的土壤，应适时进行田间管理，多施有机肥，客土掺砂，增加非毛管孔隙，以利于土壤通气。

2. 改善土壤结构：对耕作土壤和城市土壤应多施有机肥，增加有机质，改良土壤结构。

3. 及时排除低地积水：修筑排水渠道，及时排水，以利于气体流通。

三、土壤热量

反映土壤热状况的指标是温度，因为温度直接决定各种生物活动的快与慢。土壤热量是研究进入土壤的热量数量和热量损失的数量以及在这两种因素共同作用下土壤温度的变化。

（一）土壤热量的来源

太阳辐射能是土壤热量的主要来源。太阳辐射到地面时，由于大气层的吸收和散射，实际到达地面的辐射量要少得多。此外，土壤中的微生物活动也可产生热量；种子发芽时也放出热；干土吸水放出湿润热，但这些热量的来源只占很小的比例。在局部地区，地热也是土壤热量的重要来源。

（二）土壤热学性质

土壤热量的平衡影响土壤的温度是上升还是下降，但土壤热性质同样决定了土壤温度上升的快慢程度和上升幅度。

1. 土壤吸热性

土壤吸收太阳辐射热的性能，称为吸热性。土壤的吸热性与土壤颜色、湿度、地形和地貌有关。土色越深，吸热性越强，土温越高。含腐殖质的土壤，土温比较高。湿度大的土壤增温慢，这与水分的热学性质有关。

2. 土壤散热性

散热性是土壤向大气散失热量的性能。土壤白天吸热，温度上升；夜间散热，土温下降。土壤散热性与下列因素有关：

1）土壤含水量和大气相对湿度：土壤水分蒸发时，失去热量，土温降低。大气相对湿度小时，土壤水分蒸发强，失水多，散热降温快。

2）天气情况：晴天白天吸热，夜间散热降温。因此，夏季有露水，晚秋有霜冻。城市地区向大气放出大量烟尘、灰尘、二氧化碳、水汽，土壤散热量少，降温慢、温度相对较高。

3. 土壤热容量

1克土壤温度增减1℃所需的热量（或放出的热量），称为比热容量。1立方厘米土壤每增减1℃所需的热量（或放出的热量），称为容积热容量。

土壤中各种组成物质的热容量相差很大，直接影响着土壤的热性状，如下表：

土壤及其组成物质的热容量

土壤组成物质	比热容量 （KJ/kg·℃）	密度 （kg/m³）	容积热容 （KJ/m³·J）
空气（20℃）	1	1.2	1.2
水	4.2	1.0×10^3	4.2×10^3
冰	2.1	0.9×10^3	1.9×10^3
石英	0.8	2.7×10^3	2×10^3
黏土矿物	0.8	2.7×10^3	2×10^3
有机质	2.5	1.1×10^3	2.7×10^3
石灰	0.9	——	——

从表中看出，空气的容积热容量最小，水的热容量最大，土壤固相颗粒介于二者之间。因此土壤热容量的大小，决定于土壤水分和空气所占的比例。水分多，热容量大，土温上升慢；反之热容量小，土温上升快。砂土升温快，俗称暖性土；黏土升温慢，又称冷性土。

4. 土壤导热性

从温度较高的土层向较低（或深层）的土层传导热量的性能，称为土壤导热性。导热性强的土壤，土体热量分布均匀，温差小；导热性差的土壤，土壤温差大。

土壤导热性的大小，决定于土壤三相组成的热传导性能。其中矿物质的导热性最强，而空气的导热性最弱。

不同质地的土壤，热量状况不同。砂土导热性和热容量小，昼夜温度变幅大，但影响深度浅；黏土导热性和热容量大，昼夜温度变化小，上下土层差异大，影响深度大。有结构、疏松的土壤，水、空气协调，土壤温度的变动不至于过于激烈。

（三）土壤温度调节

土壤温度调节可采取下列措施：

1.合理地进行水分管理。适时灌水，提高土壤热容量。夏季可以降温，冬季可保温，减少冻害。低洼地应排水，降低热容量，提高土温。

2.施用有机肥。有机肥色深，施入土壤后，吸热快，有机质分解时放出热量，可提高土温。

3.覆盖增温和保温。用稻草、苇帘、蒲席、塑料膜等覆盖保温，防止热量散发。

4.设置风障和营造防护林，阻挡冷风侵袭，提高土温。

5.施用地面增温剂。合成酸、天然酸、沥青、棉籽油脚料等制剂均可防止蒸发降温，提高土壤温度。

6.土壤冻结和冻拔的预防。北方地区秋冬季温度在0℃以下，土壤水分出现冻结。由于土壤溶液含有不同浓度的盐类，冻结的程度也不同。冻结时从小孔隙到大孔隙。干土冻结快，湿土慢；砂土冻结深，黏土冻结浅。冻土厚度随地区、土类而不同。东北呼伦贝尔厚达2.5～3米，华北厚0.8～1.5米，南方几乎无冻层。冻层解冻时，主要依靠太阳辐射热由上而下融化。高寒区冻层厚，解冻期长，解冻和融雪同时进行，或在融雪后进行。

为了防止冻拔害，应及时注意排水，特别是低洼地区应加施有机肥，精耕细作，加强覆盖，改善土壤结构。

四、土壤养分

土壤中植物的生长发育所需的营养元素称为养分。由于土壤养分存在的化学形态不同，对植物的有效性也不相同。在植物生长发育所必需的16种营养元素中，除去碳、氢、氧三种元素来自大气的二氧化碳和水以外，其他营养元素几乎全部来自土壤。

（一）土壤养分的来源

土壤养分主要来源有：一是土壤矿物质风化释放的养分；二是土壤有机

质矿化之后释放的养分；三是生物固氮固定的氮素；四是大气中的养分通过降雨、落尘等形式进入土壤；五是灌溉水中的养分；六是根系将深层土壤中的养分富集到根圈。在生产上，施肥是补充养分的一个重要措施。

（二）土壤养分的形态及其有效性

对养分有多种分类方式，一是根据它们的化学形态分成水溶性、弱酸溶性、难溶性几种类型；也可根据它们存在的部位分成水溶态、交换态、晶格固定等几种；还可根据它们对植物的有效性分成速效态、缓效态、无效态等几种，当然也包括有机态养分。本书介绍的分类方法是一种混合分类法。

1. 水溶态养分

水溶态养分是指能够溶解于土壤溶液的那些养分。水溶态养分极易被植物吸收利用，对植物有效性高。水溶态养分主要是各种无机离子，如 K^+，Ca^{2+}，NOr，NH ⤢ 等和少部分小分子的有机化合物，如氨基酸、酰胺、N.–N、葡萄糖等。

2. 交换态养分

交换态养分是指吸附于土壤胶粒表面的各种离子，如 NH_4^+，K^+，Ca^{2+} 等。对植物来讲，既可以通过进入土壤溶液被根系吸收，也可以直接与根系表面的 H^+ 通过交换作用被吸附到根系上。通常将水溶态养分和交换态养分合称速效养分，它们都是植物能够直接吸收的养分。

3. 缓效态养分

缓效态养分是指部分易风化矿物中的养分，虽然不能被植物直接吸收，但很容易通过风化作用释放到土壤溶液中。如伊利石黏土矿物晶格中固定的钾以及部分黑云母中的钾。这部分养分对当季植物的有效性较差，是速效养分的补给来源，在判断土壤潜在肥力时，其含量具有一定的意义。

4. 难溶态养分

难溶态养分是指存在于土壤原生矿物中且不易分解释放的养分。如氟磷灰石中的磷、正长石中的钾。它们只有在长期的风化过程中释放出来，才可被植物吸收利用。难溶态养分也称为迟效性养分，是植物养分的贮备。

5. 有机态养分

有机态养分是指存在于土壤有机质中的养分。它们不能被植物直接吸收利用，需经过分解转化后才能释放出有效态养分，但它们释放较难溶态养分容易得多。

土壤中各种形态养分可以相互转化，即速效性养分可以转化为缓效性养分，难溶性养分也可转化为缓效性养分。有些转化过程的速率较快，如水溶态养分与交换态养分之间的转化；有些养分转化过程的速率很慢，如难溶态养分转化为速效性养分等。

（三）土壤养分的消耗与调节及其在环境学上的意义

1. 土壤养分的消耗

土壤养分的消耗是指速效性养分被带出土壤的过程。归纳起来有这么几个方面：一是被植物吸收，植物吸收的养分以收获物的形式带出土壤；二是随水分渗漏淋失到深层土壤或地下水中，如硝酸根的淋失；三是以气态挥发的方式进入大气，如氨的挥发、反硝化损失；四是随着地表径流进入河流等水体；五是在土壤中通过化学、物理化学及生物过程被固定，从而转变为缓效性或迟效性养分，如化学吸收、晶格固定、生物吸收等。

从生产的角度讲，只有气态损失、淋失以及径流损失，才能导致土壤养分的真正损失，而其他消耗过程，只是养分在土体转化为植物暂时不能利用的形式。

2. 土壤养分的调节

土壤养分的调节是指增加土壤中速效养分的数量，以及提高土壤养分的保蓄能力。调节土壤养分主要是各种生产措施。

（1）平衡施肥。施肥是调节土壤养分的最主要措施。所施用的肥料可分成有机肥料、化学肥料、生物肥料等几大类。根据施肥时期可以分成基肥、种肥、追肥，以及特殊的追肥形式——根外追肥等几种方式。施肥有土层撒施、条施、穴施、环状施肥等方法。

施肥的主要目的是通过增加土壤速效养分的数量，促进植物的生长，提高产量，改善产品质量，提高土壤肥力。

（2）合理轮作。轮作也是生产上调节土壤养分的一个重要措施。因为不同植物对同一种养分的需要量不同，如果在同一块地中连续种植同一种植物，可能会导致某种养分过度消耗；另外，连作也会导致植物病害增多，从而不利于产量的提高和质量的改善，导致所谓的连作障碍。合理轮作是改善土壤养分特征、消除连作障碍的主要手段之一。

（3）适度耕作。耕作是通过改善土壤结构性质和土壤水、气、热状况达到调节土壤养分的目的。例如，适度耕翻土壤，提高土壤通气性，促进土壤养分的转化，增加土壤速效养分的数量。但过多耕作，则不利于良好土壤结构的形成，破坏表土的结构，容易发生水土流失等土壤侵蚀现象。

3. 土壤养分循环在环境学上的意义

营养物质的地质大循环和生物小循环是养分循环的自然过程。土壤中养分被植物吸收利用、以气态形式进入大气、以淋溶和径流方式进入水体，本来是养分循环的自然过程。但在近代，农业生产效率的提高以及水土流失的加剧，加快了养分在土壤圈、水圈、大气圈之间的循环速度，以至于使水圈和大气圈中某些养分以及其转化物的浓度显著增加，导致水圈和大气圈本身特性的改变。这些变化既可能有利于人类的生产生活，也可能不利于人类。

例如：随着水体中的氮、磷养分的浓度超过临界值后，水体开始出现富营养化，随着水体中氮、磷养分进一步增加，水体富营养化程度越来越严重，其结果使水体失去了生产和生态功能。又如，在没有农业生产的状态下通过反硝化和硝化作用，土壤向大气排放 N_2O 这种温室气体，但随着耕作强度的增大和施氮量的提高，土壤向大气排放的 N_2O 数量迅速增加。再如施肥，随着化学氮肥施用量的增加，地下水以及植物收获物中硝酸盐浓度也较快地增加，加大了危害人类健康的风险。

所以，土壤养分循环是营养物质地质大循环的一个环节，如果我们利用得当，既可以得到高产高质量的农产品，也可保护我们的生存环境；反之，如使用不当，则可能虽然得到高产，但损害了我们的生存环境。

第五节 土壤的污染

一、什么是土壤污染

近年来，由于人口急剧增长，工业迅猛发展，固体废物不断向土壤表面堆放和倾倒，有害废水不断向土壤中渗透，大气中的有害气体及飘尘也不断随雨水降落到土壤中，导致了土壤污染。凡是妨碍土壤正常功能，降低作物产量和质量，通过粮食、蔬菜、水果等间接影响人体健康的物质，都叫作土壤污染物。

污染物的来源广、种类多，大致可分为无机污染物和有机污染物两大类。无机污染物主要包括酸，碱，重金属（铜、汞、铬、镉、镍、铅等），盐类，放射性元素铯、锶的化合物，含砷、硒、氟的化合物等。有机污染物主要包括有机农药、酚类、氰化物、石油、合成洗涤剂、苯并芘以及由城市污水、污泥及厩肥带来的有害微生物等。当土壤中含有害物质过多，超过土壤的自净能力，就会引起土壤的组成、结构和功能发生变化，微生物活动受到抑制，有害物质或其分解产物在土壤中逐渐积累，通过"土壤→植物→人体"，或通过"土壤→水→人体"间接被人体吸收，达到危害人体健康的程度，就是土壤污染。

二、土壤的污染源

土壤的污染，一般是通过大气与水污染的转化而产生，它们既可以单独起作用，也可以相互重叠和交叉进行，属于点污染的一类。随着农业现代化，特别是农业化学化水平的提高，大量化学肥料及农药散落到环境中，土壤遭受非点污染的机会越来越多，其程度也越来越严重。在水土流失和风蚀作用等的影响下，污染面积不断地扩大。

土壤污染物分为无机物和有机物两类：无机物主要有汞、铬、铅、铜、锌等重金属和砷、硒等非金属；有机物主要有酚、有机农药、油类、苯并芘类和洗涤剂类等。以上这些化学污染物主要是由污水、废气、固体废物、农药和化肥带进土壤并积累起来的。

（一）污水灌溉对土壤的污染

生活污水和工业废水中，含有氮、磷、钾等许多植物所需要的养分，所以合理地使用污水灌溉农田，一般有增产效果。但污水中还含有重金属、酚、氰化物等许多有毒有害的物质，如果污水没有经过必要的处理而直接用于农田灌溉，会将污水中有毒有害的物质带至农田，污染土壤。例如，冶炼、电镀、燃料、汞化物等工业废水能引起镉、汞、铬、铜等重金属污染；石油化工、肥料、农药等工业废水会引起酚、三氯乙醛、农药等有机物的污染。

（二）大气污染对土壤的污染

大气中的有害气体主要是工业中排出的有毒废气，它的污染面大，会对土壤造成严重污染。工业废气的污染大致分为两类：气体污染，如二氧化硫、氟化物、臭氧、氮氧化物、碳氢化合物等；气溶胶污染，如粉尘、烟尘等固体粒子及烟雾、雾气等液体粒子，它们通过沉降或降水进入土壤，造成污染。例如，有色金属冶炼厂排出的废气中含有铬、铅、铜、镉等重金属，对附近的土壤造成污染；生产磷肥、氟化物的工厂会对附近的土壤造成粉尘污染和氟污染。

（三）化肥对土壤的污染

施用化肥是农业增产的重要措施，但不合理使用，也会引起土壤污染。长期大量使用氮肥，会破坏土壤结构，造成土壤板结，生物学性质恶化，影响农作物的产量和质量。过量地使用硝态氮肥，会使饲料作物含有过多的硝酸盐，妨碍牲畜体内氧的输送，使其患病，严重的导致死亡。

（四）农药对土壤的影响

农药能防治病、虫、草害，如果使用得当，可保证作物的增产，但它是一类危害性很大的土壤污染物，施用不当，会引起土壤污染。

喷施于作物体上的农药（粉剂、水剂、乳液等），除部分被植物吸收或逸入大气外，有一半左右散落于农田，这一部分农药与直接施用于田间的农药（如拌种消毒剂、地下害虫熏蒸剂和杀虫剂等）构成农田土壤中农药的基本来源。农作物从土壤中吸收农药，在根、茎、叶、果实和种子中积累，通过食物、饲料危害人体和牲畜的健康。此外，农药在杀虫、防病的同时，也使有益于农业的微生物、昆虫、鸟类遭到伤害，破坏了生态系统，使农作物遭受间接损失。

（五）固体废物对土壤的污染

工业废物和城市垃圾是土壤的固体污染物。例如，各种农用塑料薄膜作为大棚、地膜覆盖物被广泛使用，如果管理、回收不善，大量残膜碎片散落田间，会造成农田"白色污染"。这样的固体污染物既不易蒸发、挥发，也不易被土壤微生物分解，是一种长期滞留于土壤的污染物。

三、土壤污染的防治

（一）科学地进行污水灌溉

工业废水种类繁多，成分复杂，有些工厂排出的废水可能是无害的，但与其他工厂排出的废水混合后，就变成有毒的废水。因此在利用废水灌溉农田之前，应按照《农田灌溉水质标准》规定的标准进行净化处理，这样既利用了污水，又避免了对土壤的污染。合理使用农药，重视开发高效低毒低残留农药。

合理使用农药，这不仅可以减少对土壤的污染，还能经济有效地消灭病、虫、草害，发挥农药的积极效能。在生产中，不仅要控制化学农药的用量、使用范围、喷施次数和喷施时间，提高喷洒技术，还要改进农药剂型，严格限制剧毒、高残留农药的使用，重视低毒、低残留农药的开发与生产。

（二）合理施用化肥，增施有机肥

根据土壤的特性、气候状况和农作物生长发育特点，配方施肥，严格控制有毒化肥的使用范围和用量。增施有机肥，提高土壤有机质的含量，可增强土壤胶体对重金属和农药的吸附能力。如褐腐酸能吸收和溶解三氮杂苯除草剂及某些农药，腐殖质能促进镉的沉淀等。同时，增施有机肥还可以改善土壤微生物的流动条件，加速生物降解过程。

（三）施用化学改良剂，采取生物改良措施

在受重金属轻度污染的土壤中施用抑制剂，可将重金属转化成为难溶的化合物，在微酸性土壤中施用石灰或碱性炉灰等，可以使活性镉转化为碳酸盐或氢氧化物等难溶物，改良效果显著。

总之，按照"预防为主"的环保方针，防治土壤污染的首要任务是控制

和消除土壤污染源。对已污染的土壤，要采取一切有效措施，清除土壤中的污染物，控制土壤污染物的迁移转化，改善农村生态环境，提高农作物的产量和品质，为广大人民群众提供优质、安全的农产品。

第二章

肥料的基本知识

第一节 肥料的概述

一、概念和意义

凡是施入土壤中或处理植物地上部分，能直接或间接供给植物养分，或改良土壤性状的物质，都可以称为肥料。施用肥料能够促进作物的生长发育、提高产量、改善品质、改良土壤状况和提高劳动生产率。

我国是个农业大国，肥料的应用有着悠久的历史。很久以前我们的祖先就将农家肥应用于农业生产，但我国的化肥使用较晚，20 世纪初，中国才开始进口少量的化学肥料，国内的氮肥工业始于 20 世纪 30 年代；磷肥工业始于 1942 年；钾肥工业则到了 50 年代末期，落后于氮、磷肥工业的发展；微量元素肥料的生产和应用始于 60 年代。我国肥料工业的迅速发展始于 80 年代，80 年代以后，化肥的生产量、使用量、进口量和销售量都有快速的提高。肥料工业的发展，带动了我国农业生产；反之，农业的生产又加速了肥料工业的发展。近些年，国家在政策上倾向农业，重视农业的发展，加大农业的投入，带动了肥料工业的繁荣，大量新型的肥料涌现出来。

二、肥料的类型

（一）按肥料的来源分类

1. 农家肥，指当地农家自产的家畜粪尿和圈肥、堆沤肥、绿肥、人粪尿、草木灰等。

2. 化学肥料，也叫工业肥料，指工厂制造或开采后经加工的各种商品肥料，或作为肥料用的工厂的副产品，如尿素、过磷酸钙、磷酸二铵等。

3. 生物肥料，也叫细菌肥料，是指用微生物制成的肥料，如固氮菌、硅酸盐菌等。

（二）按肥料的特点分类

1. 直接肥料：直接作为植物营养来源的肥料，如氮、磷、钾肥等。

2. 间接肥料：用于改善土壤物理、化学性质的肥料，如石灰、石膏等。

（三）按含有的化学成分分类

1. 单元素肥料：如氮、钾肥等。

2. 复合肥料：含有两种或两种以上营养元素的肥料，如磷酸二氢钾。

（四）按肥效的快慢分类

1. 速效肥料：施用后短期就能见效的肥料，如硫铵等。

2. 迟效肥料：经长期的腐熟分解才能被植物吸收的肥料，如垃圾、磷矿粉等。

3. 缓效肥料：施用后经过较短时间的转化植物就能吸收的肥料，如人粪尿、厩肥、鱼肥等。

（五）按肥料的生理化学性分类

1. 生理酸性肥料：植物吸收盐基离子而残留酸根，使土壤酸性增加的肥料，如硫铵。

2. 生理中性肥料：植物吸收全部离子，使溶液呈中性的肥料，如硝酸铵。

3. 生理碱性肥料：植物吸收酸根，残留盐基离子，使土壤碱化的肥料，如硝酸钠。

三、合理施肥

（一）合理施肥的概念与原则

施肥是保证植物对营养方面的要求，也是提高植物产量和品质的重要途径。但是必须合理施用才能达到预期的效果，否则不仅造成浪费，还能引起各种副作用，产生不良后果。因此，合理施肥就是根据土、肥、水等环境条件与植物之间的关系，合理地掌握肥料的种类、数量、配比，同时采取多种施肥的方法，来提高肥料的有效性，使农产品及园林植物达到最佳效果。

合理施肥的四原则：合理施肥，就是要达到最大限度利用肥料中的有效养分，既要提高肥料利用率，又要达到提高农作物产量、改善品质、获得显著的经济效益；既要有利于培肥地力，保护农产品和生态环境不受污染，又要有利于农业可持续发展。因此，必须遵循下述施肥的四原则：

1.作物需肥特点：禾谷类作物、叶菜类蔬菜对氮肥需要量较多；豆科类作物对磷、钾肥需要量较多；微量元素硅和钠是水稻、甜菜的有益营养成分，而对其他大多数作物并无明显增产作用。专用复合肥、叶面肥等肥料品种，就是针对农作物的需肥特点，为提高某一类作物的产量和品质而设计生产的。

2.土壤性状：碱性土壤不宜施用钙、镁、磷肥和磷矿粉；黏性重的土壤可适量施用些炉渣灰等物质以改良土壤的通透性；沙质重的土壤宜少量多次施用速效化肥，以减少肥料流失损耗，多施有机肥，土杂泥土可提高保肥保水功能。土壤肥沃，养分含量高可适当少施肥。在测土的基础上，推广配方施肥更是提高施肥经济效益和社会效益的有效途径。

3.肥料特性：肥料品种繁多，性质差异很大。如有机肥和缓效化肥宜做底肥施用，而种肥应选择对种子萌芽出土没有影响的腐熟有机肥，易分解、挥发养分的肥料宜深施覆土，以减少养分损失，提高肥效。追肥宜选用速效化肥，根外追肥宜选用养分含量高的微肥做叶面喷施。

4.气象条件：注意收看气象预报可减少因不利天气而造成肥料的损失。因为雨量和温度都会影响施肥的效果，如天气干旱不宜施肥，而雨水过多施肥，又容易使肥料流失。气温高，雨量适中，有利于有机肥加速分解，低温少雨季节宜施用腐熟的有机肥和速效肥料等，旱土作物宜在雨前2~4天施肥，而水稻则宜在降雨之后施肥，防止流失。农民朋友在长期的农业生产实践中，总结出的看天施肥的经验，是很有科学道理的。

四、肥料的施用方式

按肥料施用的目的和施肥期可分为以下几种。

（一）基肥

在播种或植前，将大量的肥料经翻耕埋入地内，称为施基肥。一般以有机肥为主，如绿肥、厩肥等。

（二）追肥

根据植物不同生长季节和生长速度的快慢，补充增施的肥料，称为追肥。

一般使用速效化肥，如硫铵、硝铵等。

（三）种肥

在播种或定植时施用的肥料，称为种肥。种肥细而精，经充分腐熟，含营养成分完全，如腐熟的堆肥、复合肥料等。

（四）根外追肥

在植物生长季节，根据植物生长情况，及时喷洒在植物体上的肥料称为根外追肥，如用尿素溶液喷洒。

五、施肥的方法

（一）全面施肥

在播种、育苗定植前，在土壤上普遍地施肥。一般采用基肥的方式，多使用厩肥、堆肥、绿肥等。

（二）局部施肥

根据植物对营养的要求和不同苗木的生长情况，将肥料只施在局部地段或地块，称为局部施肥，常用化肥、人粪尿等。

沟施：在植物根附近开沟，将肥料均匀地撒入沟内，覆土盖严。

条施：开沟或不开沟，沿行直接撒在地上，经中耕覆盖的施肥方法。

穴肥：在植物根附近，将肥施入覆盖埋土。

撒施：直接用机械或人工将肥撒布在地表。

环状施肥：大树或果树施肥时，沿树冠投影的周围开沟，将肥料填入沟内，充分与土混合，覆土掩埋。

第二节 化学肥料

一、概述

（一）概念

用化学方法合成或用矿石加工精制成的肥料，称为化学肥料。由于大部分化肥是由无机化合物组成的，因此又称为无机肥料或商品肥料，简称化肥。

（二）种类

按所含主要成分，可将化学肥料归纳为下列几类。

1. 氮肥：含氮素为主的化学肥料，如硫酸铵、碳酸氢铵、氯化铵、尿素、硝酸铵等。

2. 磷肥：含磷为主的化学肥料，如过磷酸钙、钙镁磷肥、磷矿粉等。

3. 钾肥：含钾为主的化学肥料，如硫酸钾、氯化钾等。

4. 复合肥料：含有两种或两种以上营养成分的化学肥料，如磷酸铵等。

5. 微量元素肥料。

（三）特点

肥成分比较单纯，大部分只含有一种或几种营养元素，不含有机质，又称不完全肥料。化肥的养分含量高，肥效快，易溶于水被植物吸收，但肥效持续时间短，易被淋失。长期使用化学肥料可能造成土壤板结，破坏土壤的物理和化学性质。因此，应配合施用有机肥料。化肥体积小，养分含量高，运输和使用方便，但易潮结块，造成养分消耗，施用时造成一定的困难。因此，贮藏和运输时应避免受潮。

（四）化肥在农业增产中的作用

我国是一个人口众多的国家，粮食生产在农业生产的发展中占有重要的位置。通常增加粮食产量的途径是扩大耕地面积或提高单位面积产量。根据我国国情，继续扩大耕地面积的潜力已不大，虽然我国尚有许多未开垦的土地，但大多存在投资多、难度大的问题，这就决定了我国粮食增产必须走提高单位面积产量的途径。施肥不仅能提高土壤肥力，而且也是提高作物单位面积产量的重要措施。化肥是农业生产最基础而且是最重要的物质投入。据联合国粮农组织（FAO）统计，化肥在对农作物增产的总份额中占40%～60%。中国能以占世界7%的耕地养活占世界22%的人口，可以说化肥起到了举足轻重的作用。

（五）常用化肥的简易鉴别方法

1. 外观鉴别：氮肥除石灰氮略呈浅褐色外，其他呈均匀白色结晶状。钾肥为白色结晶，但加拿大钾肥为红褐色。磷肥一般呈粉状，多为灰白色或灰色。

2. 溶解度鉴别法：一般氮肥和钾肥都可溶于水，而磷肥仅部分溶于水或不溶于水，其中过磷酸钙部分溶于水且有酸味，而钙、镁、磷肥与磷矿粉不溶于水。

3. 与碱性物反应：取少许肥料与等量的生、熟石灰一起混合，加大研磨，能嗅到刺鼻的氨味，则为含氮的氮肥或复混肥；否则为不含氮的肥料。

4. 燃烧法：将把料放在一块铁板上，在火上灼烧观察：大量冒白烟，有氨臭，无残渣，为磷酸氢铵；不熔融，直接升华或分解，有酸味的为氯化铵；可溶融成液体或半液体，大量冒白烟，有氨味和刺鼻的二氧化硫味，残留物冒黄泡，为硫酸铵；灼烧时肥料没有明显变化，但有爆裂声，干炸跳动，撒在火中，火焰呈紫色的为钾肥。其中跳动剧烈而在水中溶解很慢的为硫酸钾，反之为氯化钾，撒在烧红的木炭上有助燃作用的为硝酸钾。

二、氮肥

氮肥是农业生产中需要量最大的化肥品种，它对提高作物产量，改善农产品的品质有重要作用。了解氮肥的种类、性质及其施入土壤后的变化，从而采用合理的施用技术，对减少氮素损失及减轻氮肥对环境的危害，不断提高氮肥利用率，有着重要的现实意义。

（一）氮肥的作用及种类

氮素是植物生长必要的元素之一，是蛋白质、核酸、叶绿素、酶及维生素的主要成分。施用氮肥可加强植物的生理活动，促进新阵代谢和植物生长。

氮肥供应充足，能促进叶面积的增加和营养器官的发育，使植株生长茂盛，叶色浓绿而正常，分枝发达，为繁殖器官的形成创造条件；但在生长后期使用过多氮肥，会造徒长，影响繁殖器官的形成，营养不平衡，降低植株的抗性；如果氮肥供应不足，植株生长矮小，分枝少而弱，叶色变黄，影响叶绿素的形成。因此，使用氮肥一般应在植物生长前期，对观叶植物可酌情增加氮肥的施用。

氮肥按其氮素存在的形态可分为以下几类：

1. 铵态氮肥

氮素以铵离子的形态存在。铵态氮肥的特点：1）易溶于水，形成铵离子，易被植物和土壤吸收，不易流失。2）经微生物作用可氧化成亚硝态氮及硝态氮。3）遇到石灰、草木灰等碱性物质，可造成氨挥发而损失，应避免混合使用。

2. 硝态氮肥

氮素以硝酸根的形态存在。硝态氮肥的特点：1）易溶于水，形成硝酸根离子，植物能吸收，但不能被土壤吸收，易被淋洗流失。2）在缺氧嫌气条件下，产生反硝化作用，转化成氧化亚氮或游离氮逸出大气中，造成养分损失。3）易燃，具吸湿性，易结成块，贮藏和运输时，应注意防潮防火。

3. 酰铵态氮肥

氮素是以酰铵基形式存在或在分解过程中产生酰铵基的氮肥，如尿素、石灰氮。酰铵态氮肥能在水中溶解，但不形成离子，在土壤中转化成铵后才能被植物吸收。

（二）常用氮肥的性质和使用

1. 硫酸铵〔$(NH_4)_2SO_4$〕

简称硫铵，白色结晶，有时由于杂质，掺杂其他颜色，含氮量为20% ~ 21%。硫酸铵不仅能供给作物氮素营养，还能供给作物硫素营养。

1）性质：硫铵吸湿性小，便于贮存，虽有吸湿性，但结块易粉碎，易溶于水，是一种速效肥料。硫铵施入土壤中，植物吸收铵离子较多，形成土壤酸化，属于生理酸性肥料。长期使用硫铵，土壤中钙离子与硫酸根结合，导致土壤硬结，破坏了土壤结构。

2）施用方法：硫铵是一种水溶性肥料，肥效快，易被植物吸收，施后3~4天叶色就转绿色，但持续期短，一般只有7~10天。因此，以做追肥效果最快，也可做基肥、种肥。一般每亩施用7.5 ~ 10千克。应注意少量多次，随生长季节和植物的生长速度酌情增大施肥量，但不能超过 15 千克。根外追肥时，浓度应控制在 1% 以内。为了防止长期使用造成土壤酸化板结，应配合使用有机肥料。

2. 氯化铵（NH_4Cl）

简称氯铵，含氮量 24% ~ 25%。氯化铵是制碱工业的副产品，制造方法简单，成本较低，是我国有发展前途的化肥品种。

1）性质：氯化铵溶于水，肥效快，吸湿性小，易于贮存。属于生理酸性肥料，其酸化程度比硫铵强，因此，危害性比硫铵大。氯铵不易硝化，因此，氮的利用率比硫铵高。

2）施用方法：氯化铵可做基肥和追肥。施用方法同硫酸铵，但不宜做种肥和秧田追肥。必须做种肥时，不能用作拌种，不能直接与种子接触，以免影响种子的发芽和幼苗生长。氯化铵适宜施在酸性和石灰性土壤中，但不适宜施用在排水不良的低洼地、盐碱地和干旱土壤。酸性土壤施用氯化铵应配合石灰施用；石灰性土壤施用氯化铵应深施覆土。忌氯植物如烟草、甜菜、甘蔗、马铃薯和茶树等不能施用氯化铵，以免降低产品品质。但对于缺氯土壤和喜氯植物如棉花、麻类作物等，适当增施氯化铵可以提高产量和品质。

3. 碳酸氢铵（NH_4HCO_3）

简称碳铵，俗称气肥，为白色或白色结晶，含氮量 15% ~ 17%，是目前我国农业生产中应用量较大的氮肥品种。

1）性质：碳酸氢铵为白色粉沫状结晶，易溶于水，其水溶液呈碱性，pH8.2 ~ 8.4。化学性质不稳定，在常温下就能自行分解，但分解较慢。当温度升高、湿度较大时，分解挥发明显加快，并有刺鼻的氨臭味，造成氮素的挥发损失。

$$NH_4HCO_3 \rightarrow NH_3\uparrow + CO_2\uparrow + H_2O$$

碳酸氢铵吸湿潮解后易结成硬块，不利施用。因此，存放运输应严密包装，放置于干燥阴凉处。

2）施用方法：碳酸氢铵可做基肥和追肥，但不能做种肥，以免因碳酸氢铵分解时产生的氨气对种子产生毒害作用，影响种子萌发。如必须做种肥时，应将种子与肥料隔开，用量不得超过 5 千克 / 亩。

碳铵易分解挥发，施肥时宜深施，施后填土覆盖，以免氮素损失。做追肥时，加水 100 ~ 150 倍，浇灌到地内，施肥量每亩 7.5 ~ 10 千克。碳铵不宜和碱性肥料混用。碳铵应在早晨露水未干时施用，因中午阳光强，温度高，浓度提高可能造成烧灼现象。碳酸氢铵适用于各种土壤，对大多数植物均有良好作用，只要掌握正确的施用方法，会取得良好的增产效果。

4. 硝酸铵（NH_4NO_3）

硝酸铵简称硝铵，含氮量 33% ~ 34%，是目前我国大量生产的一种高效氮肥。

1）性质：硝酸铵为白色晶体，含杂质时呈淡黄色，含氮量较高，其中铵态氮和硝态氮各半，兼有两种形态氮素的特性。硝酸铵在水中溶解度很大。溶解时有强烈的吸热反应。硝酸铵具有易吸湿结块的性质，当空气湿度大时，吸湿后会变成糊状直至溶解成液体，给运输、贮藏和施用带来很大不便。为了降低其吸湿性，工业上一般把硝铵制成颗粒状，并在粒外面包上一层如矿质油、石蜡等疏水物质，以减少吸湿性，便于贮藏和施用。

硝酸铵具有易燃性，在高温下分解，体积骤增，可发生爆炸。所以，不要把硝酸铵与油脂、棉花、火柴等易燃物品存放一起，应在冷凉干燥处存放。如硝酸铵吸潮结块，要用木棍敲碎或用水溶解后施用，切不可用铁锤猛击。

2）施用方法：硝酸铵适用于各种土壤和各种作物，但一般不做基肥，尤其在多雨地区和多雨季节，更不宜做基肥。硝酸铵吸湿性很强，易吸水溶解，如与作物种子接触会影响种子萌发和幼苗生长，所以一般也不宜做种肥。硝酸铵容易流失和在嫌气条件下发生硝化作用，一般不宜在水田施用。硝酸铵宜做追肥，施用时宜少量多次，并结合中耕、灌水，以提高肥效。

5. 硝酸钙 $\left[Ca(NO_3)_2 \right]$

硝酸钙含氮量 13% ~ 15%。硝酸钙含氮量较低，为钙质肥料，有改良土壤结构的作用；吸湿性很强，易结块；施入土壤后移动性强，为生理碱性肥料。

硝酸钙适宜施用于各类土壤和各种作物。因吸湿性强，不宜做种肥，适宜做追肥。由于硝酸钙易随水淋失，不适宜在水田施用。

6. 尿素 $\left[CO(NH_2)_2 \right]$

为白色结晶，略带黄色，含氮量为 45% ~ 46%，是目前我国含氮量最高的固体氮肥。

1）性质：在一般气温（10 ~ 20℃）下，相对湿度在 80% 以下，吸湿性小；

当气温增高，湿度增大时，吸湿性也增强。尿素易溶于水，扩散性强，在较少水分的条件下，能溶解扩散，呈分子状态。

尿素是酰铵态氮肥，施入土壤后，不易被植物吸收，须经微生物作用转变成铵，才能被植物和土壤吸收。尿素中含有缩二脲杂质，对作物有毒害作用，因此，尿素产品中，缩二脲含量不能超过1%；根外追肥的尿素，缩二脲含量不能超过0.5%。尿素易溶于水，水溶液呈中性反应。

2）施用方法：尿素含量高，施用量每亩5~7.5千克，是硫铵的一半左右。尿素可做基肥和追肥，用于各种植物，不宜做种肥，因为尿素中含有少量有毒物质缩二脲，可使蛋白质变质，影响种子的萌发。

尿素用于根外追肥效果较好。根外追肥浓度为0.5%~2%，应根据不同类型的植物酌情稀释。每亩水溶液100~150千克，喷洒时间最好在清晨或傍晚。施用尿素可直接施入土壤或水溶后灌施。施用时可与磷、钾肥配合施用。

三、磷肥

磷是植物主要的营养元素，在植物体内的含量（以 P_2O_5 计），一般为植物干重的0.2%~1.1%，其中有机态磷占全磷量的80%左右。磷在植物体内的含量不及氮、钾多，也是植物营养三要素之一。磷对细胞分裂，有机物的合成、转化、运输和呼吸作用都有密切影响。磷是种子的重要成分，对植物结果有很大影响。施用磷肥，能提高植物抗性，抑制植物徒长。

（一）磷肥的作用与种类

合理施用磷肥，可增加作物产量，改善作物品质，加速谷类作物分蘖，促进籽粒饱满；促使棉花、瓜类、茄果类蔬菜及果树的开花结果，提高结果率；增加甜菜、甘蔗、西瓜等的糖分；提高油菜籽的含油量。根据磷肥溶解程度分为下列三类：

1. 水溶性磷肥

易溶于水，主要成分是磷酸一钙 $[Ca(H_2PO_4)_2H_2O]$，易被植物吸收，肥效快，为速效性肥料。但易被土壤固定，如过磷酸钙、重过磷酸钙等。

2. 弱酸溶性磷肥

含磷成分主要是磷酸氢钙，不溶于水，易被弱酸溶解（浓度约相当于2%的柠檬酸），故称弱酸溶性磷肥。施入土壤后，肥效慢，持续期长，宜续期长，宜做基肥，如钙镁磷肥、钢渣磷肥等。

3. 难溶性磷肥

主要成分为磷酸三钙，难溶于水和弱酸，在强酸性溶液中溶解，持续期长，后效作用强，如磷矿粉、骨粉和矿质鸟类粪等。

（二）常见磷肥的性质和施用

1. 过磷酸钙：过磷酸钙简称普钙。它的主要成分是磷酸一钙 [Ca（H_2PO_4）$_2$·H_2O]和硫酸钙，含有效磷14%～20%，含硫酸钙50%左右，还含有3.5%～5.0%的游离酸及2%～4%的硫酸铁、硫酸铝等杂质。过磷酸钙是目前我国农业生产中使用最广泛的一种磷肥。

1）性质：因含有一定量的游离酸，是酸性肥料，有吸湿性和腐蚀性，易吸湿结块。普钙施入土壤后，磷酸根与土壤中钙、铁、铝结成难溶的磷酸盐，这种过程称普钙的化学固定作用。因此降低了磷肥的肥效。pH值过高或过低，均可产生化学固定作用。中等酸度时磷肥肥效最高（pH6.5～7.0）。

2）施用方法：过磷酸钙适合于各种植物，可以做基肥、种肥和追肥，水田、旱地均可施用。过磷酸钙的水溶液可做根外追肥，进行叶面喷施效果很好。正确施用过磷酸钙必须针对其易被固定和移动性小的特点，一要尽量减少肥料与土壤的接触面积，以减少固定；二是尽量增大肥料与根系的接触面积，以利于根系的吸收。根据此原则，施用过磷酸钙应考虑以下几点：①中深层施肥。使养分集中在主要的吸收根层中，减少与土壤的接触，有利于植物吸收。可采用穴施和条施。②与有机肥混合施用。有机肥分解时可产生有机酸，提高磷的利用率。③外追肥：有1%～20%的过磷酸钙溶液喷洒，直接被植物吸收。追肥一般在开花后期、结果时喷洒，以提高种子和果实的质量。

配制肥液时，先用水和磷肥的比例为5∶1浸泡，放置过夜，取澄清液，再加水稀释为1%～2%的浓度，喷洒施用。

2. 钙镁磷肥：钙镁磷肥的成分比较复杂，除含有磷素外，还含有钙、镁、锰、铜等元素，是一种以磷为主的多元肥料。我国农业生产上的应用量，仅次于过磷酸钙。

1）性质

钙镁磷肥是碱性肥料，由磷矿粉加蛇纹石或橄榄石在高温下熔解，用水萃取，冷却后形成玻璃状物质，经磨细而成。为灰绿色或褐黄色粉末，无臭、无味，不吸湿结块，没有腐蚀性，含磷14%～18%，并含有钙、镁、硅等元素。钙镁磷肥不溶于水，只有靠土壤和植物根分泌的弱酸溶解，植物才能吸收，属于缓效肥料。

2）施用方法

①做基肥和种肥。钙镁磷肥最适合做基肥。做基肥时注意两点：一是要早，使它在土壤中有较长时间的溶解和转化；二是要集中施用，减少土壤的吸附和固定。做种肥时，可将钙镁磷肥施入播种沟或穴内，用量不可过大，土壤水分要充足。还可用钙镁磷肥沾秧根或拌稻种，做秧田面肥效果也很好。若将钙镁磷肥做追肥，应在作物苗期及早施用。

②根据不同作物种类施用。由于钙镁磷肥富含钙素，应优先施用在喜钙的茗子、蚕豆、豌豆等豆科作物和油菜作物上。水稻是需硅较多的作物，施用钙镁磷肥也比较适宜。

③根据不同土壤类型施用。由于钙镁磷肥不溶于水而溶于弱酸，因此，在酸性土壤上施用效果较好。

④与有机肥料混合或堆腐后施用。

钙镁磷肥的施用量应比过磷酸钙稍大些，一般每亩施用20～40千克。由于钙镁磷肥后效较长，前茬作物施用量大时，后茬作物可以少施或隔年施用，以充分发挥肥效，节省肥料投资。

3.骨粉

骨粉是由动物的骨头经加工磨细而成的难溶性磷肥，也是我国很早使用的磷肥。

1.性质：呈中性，不溶于水，也不溶于弱酸，为迟效性肥料。因骨内含有脂肪、骨胶等难溶物，影响养分的转化。为提高肥效，可用烧、煮、沤等方法脱脂和粉碎。主要成分为磷酸三钙，含量为58%～62%。

2.施用方法：骨粉是迟效肥料，后效期长，宜做基肥，每亩用量15～25千克，酸性土壤效果较好。可将骨粉与肥土、草木灰、青草等一起堆腐，以微生物活动促使脂肪分解和氮素转化，促进磷的溶解。经腐熟后捣碎使用。

四、钾肥

钾在植物体内的含量较高，其含量为植物体内干重的 0.3% ~ 5%。钾在植物体内流动性较大，并比较集中地分布在代谢活动旺盛的幼嫩组织中。植物体内的钾主要是离子态，而不像氮、磷以有机化合物的形态存在。

（一）钾肥的作用及其种类

钾是植物必需的营养元素之一，它可以提高植物体内酶系统的活性，促进植物代谢和蛋白质的合成，增强植物的光合作用和抗逆性。随着作物产量的提高和氮、磷肥料用量的增加，不少土壤开始缺钾，因此，农业生产中施用钾肥的现象日益普遍。

土壤中钾素的存在形态，按其对植物的有效性可以分为三类：

一类矿物态钾：这是土壤全钾含量的主体，占全钾的 90% ~ 98%，以原生矿物形态分布在土壤粗粒部分，难溶于水，植物利用率低，只有在长期风化过程中才能释放出其中的钾。

另一类为缓效性钾：主要包括固定在黏土矿物晶层中的钾和较易风化的矿物中的钾。缓效性钾约占土壤全钾量的 2%。它虽然不能被多数植物吸收利用，但它是土壤速效性钾的主要贮备。

第三类是速效钾：包括水溶性钾和交换性钾，在土壤中含量不高，一般只占全钾量的 1% ~ 2%。它可以被植物直接吸收利用。

（二）常用钾肥的性质和使用

1. 硫酸钾（K_2SO_4）

1）性质：硫酸钾为白色或淡黄色结晶，含钾 48% ~ 52%，易溶于水，吸湿性小，属于生理酸性的速效钾肥。硫酸钾溶解后呈离子态，易被植物和土壤吸收。因属于生理酸性肥料，易使土壤酸化，单纯使用会使土壤中形成 $CaSO_4$ 沉淀，造成土壤板结。

2）施用方法：硫酸钾易被植物和土壤吸收，可做各种植物栽培的基肥、追肥、种肥和根外追肥施用。做种肥时用量一般为 22.5 ~ 37.5kg·hm^{-2}，做根外追肥时浓度为 0.5% ~ 1%，做基肥时应与有机肥混合施用，每公顷施肥量 112.5 ~ 150 千克。对忌氯植物、果树、茶、观赏植物的产量和品质都有良好效果，对十字花科等需硫植物尤其有利。为了避免硫化氢的毒害，在还原性强的水田不宜施用。

2. 氯化钾（KCl）

1）性质：为白色结晶，含钾 50%~60%，易溶于水，属于生理酸性的速效肥料，吸湿性大，易结块。

2）施用方法：氯化钾较易造成土壤酸化，因此在酸性土壤上施用氯化钾，应配合石灰和有机肥。氯化钾的施用方法与硫酸钾相同，但应注意氯化钾因含氯不宜做种肥，不宜在盐碱地长期使用，对忌氯植物的产品和品质也有不良影响，必须施用时，应及早施入，利用降水或灌溉水把氯离子淋洗出去。

3. 草木灰：草木灰是植物燃烧后的残灰。有机物和氮在燃烧中被烧失。草木灰含有多种营养元素，如磷、钾、钙、镁、铁及微量元素等。其中以钾、钙为主，磷其次。草木灰的成分因植物种类不同、燃烧方法和时间不同而有差异，木灰的含钾量比草灰多。

1）性质：草木灰的钾以碳酸钾为主，约占 60% 以上，为水溶性速效钾肥。灰中也含有水溶性的磷，易被植物吸收。

2）施用方法：草木灰含石灰和碳酸钾，呈碱性，不能与铵态氮肥混合使用，以免氨挥发损失。在酸性、中性土壤中施用效果较好。

草木灰宜做基肥、追肥，可采用撒施、条施、穴施等方法，每亩用量 50 ~ 100 千克为宜。做种肥时，因草木灰质地疏松，为种子发育创造条件，出苗整齐。

五、微量元素肥料与复合肥料

（一）微量元素肥料

1. 概念

微量元素是指自然界中含量很低的一种化学元素。有些元素只占植物干重的万分之几或百万分之几，但在植物生活中是不可缺少的。部分微量元素具有生物学意义，是植物和动物正常生长和生活所必需的，称为"必需微量元素"或者"微量养分"，通常简称"微量元素"。微量元素肥料是含有微量元素养分的肥料，如硼肥、锰肥、铜肥、锌肥、钼肥、铁肥等。可以是含有一种微量元素的单纯肥料，也可以是含有多种微量和大量营养元素的复合肥料和混合肥料，可做基肥、种肥或喷施等。

2. 微量元素肥料及其作用

1）硼肥：主要有硼酸（H_3BO_3），含硼 17.5%；硼砂（$Na_2B_4O_7 \cdot 10H_2O$），含硼 11.3%。均为白色结晶，易溶于水。

硼能影响植物生殖器官的形成，如花粉分化、生殖细胞的分裂。缺硼会造成花蕾脱落，生长点死亡。对植物体内糖类和氮素代谢、根瘤固氮和促进根系发育都有一定影响。

2）钼肥：主要成分有钼酸铵［$(NH_4)_2MoO_4$］，含钼 50%、氮 6%。钼酸铵为淡黄色或白色结晶，为水溶性肥料。钼是硝酸还原酶的组成元素，参与植物体内的硝酸还原过程，是固态酶的组成元素之一，对固氮和根瘤菌有良好的作用。钼能降低过量锰、铜、锌元素对植物的毒害。

植物缺钼时植株矮小，叶缺绿变黄，逐渐枯萎死亡。酸性土壤缺钼是因钼与铁、铝离子化合产生沉淀，使钼的有效性降低。

3）锌肥：主要是硫酸锌（$ZnSO_4 \cdot 7H_2O$），含锌 40.5%，为白色结晶，易溶于水。锌是植物体内氧化还原过程的催化剂，能促进细胞的呼吸作用，并影响叶绿素的生长和激素的形成。

如缺锌，会引起植物的缺绿症和早期落叶，并易感染病害。

4）锰肥：主要成分为硫酸锰（$MnSO_4$），含锰 24.6%，为粉红色结晶，易溶于水。锰是植物体内多种酶的组成成分，如硝酸还原酶、水解酶等。锰能促进植物的光合作用和呼吸作用，并能促进叶绿素和维生素的形成。

5）铜肥：常用的硫酸铜（$CuSO_4 \cdot 5H_2O$），含铜 25%，呈蓝色结晶，易溶于水。铜也是酶的组成成分，对植物体内的氧化还原有促进作用，能提高叶绿素的含量和稳定性，防止叶绿素的破坏，有利于植物的光合作用和呼吸作用。铜还具抗病能力。植物缺铜时，叶绿素浓度和稳定性降低，从叶尖开始逐渐发生缺绿病。

3. 微量元素肥料的一般施用方法

微量元素的施用方法很多，根据不同的条件和目的可做基肥、种肥、追肥，均可收到良好效果。

1）做基肥、追肥。通常以基肥施入土壤，可以满足植物整个生长期对微量元素的需求。为避免浪费，可采用穴施或条施。因微量元素肥料施入土壤中受环境条件影响较大，故肥料的利用率低。微量元素肥料进入土壤后，后效较长，可以 2 ~ 3 年施用一次。微量元素肥料做追肥则要早施。

2）拌种。用少量水将水溶性微量元素肥料溶解，配制成一定浓度的溶液，一般每千克种子用肥 2 ~ 6 克，水与种子的质量比为 1 : 10，喷洒在种子上，边喷洒边搅拌，使种子沾有一层肥料溶液，阴干后播种。要随拌随播，以防霉烂，影响发芽。由于拌种的种子吸水比浸种少，比较安全。

3）浸种。将微量元素肥料配制成浓度为 0.01% ~ 0.1% 的水溶液，水和种子的质量比为 1 : 1，将种子浸泡 12 ~ 24 小时，捞出稍晾干即可播种。当土壤干旱时，浸种影响出苗，不如拌种安全。

4）蘸秧根。这种方法适用于水稻及其他移植作物。其方法是将微量元素肥料，按作物所需浓度配制成水溶液，把将要移栽的秧或苗在溶液中蘸根，并稍加摇动使肥料附着在根上，直接插秧或栽植。此法操作简便，效果良好。但用于蘸秧根的肥中应不含危害幼根的物质，酸碱性不要太强。

5）根外喷施。根外喷施是一种经济、有效的施肥技术。根外喷施微量元素肥料只相当于土壤施用量的 1/5 ~ 1/10。根外喷施常用的溶液浓度为 0.01% ~ 0.1%。所用溶液量因植物种类、生育时期、植株大小等而有所不同，使叶片正面背面都被溶液沾湿为宜，一般每亩溶液喷洒量 50 ~ 75 千克。喷洒时间应在无风的下午到黄昏前进行，以防止微量元素溶液很快变干，提高喷施效果。喷后两小时内遇雨，应重新补喷。

（二）复合肥料

1. 概念和特点

1）概念

在一种化学肥料中，同时含有氮、磷、钾等主要营养元素中的两种或两种以上成分的肥料，称为复合肥料。含两种主要营养元素的叫二元复合肥料，含三种主要营养元素的叫三元复合肥料，含三种以上营养元素的叫多元复合肥料。

按复合肥料的生产方法可分化成、配成和混成复合肥料三大类型。

化成复合肥料，简称复合肥，是指经过化学合成或化学提取分离等制成的具有固定养分含量和配比的肥料，如磷酸铵、磷酸二氢钾、硝酸钾等。

配成复合肥料，简称混肥，是用几种单质肥料经过加工重新制造而成的肥料，如生产上根据植物的需求配成的氮、磷、钾比例不同的专用肥（花卉专用肥、西瓜专用肥等）。

混成复合肥料，简称掺混肥，又称 BB 肥，是由各种单质肥料按一定配比混合而成的。配比时，可根据土壤的类型和植物的种类进行调配，不宜久放，一般随用随配。市场上常见的盆花用肥，大多数是混成复合肥料。

此外，在复合肥料中科学添加了植物生长调节剂、除草剂、抗病虫农药等，称为多功能复合肥料。

2）特点

与单质肥料相比，复合肥料的优点较明显：它是一种精制、浓度高的肥料，养分种类多，所含营养易被植物吸收，副作用少，物理性状好，运输和贮藏方便，一次可施入两种以上养分，能节约劳动力，降低成本。缺点是养分比例固定，对于各种不同植物、不同施肥时间以及植物的不同发育阶段，不一定完全适用任何土壤和植物，施用时应当根据具体的土壤和植物情况选用其他类型肥料，予以调整。

目前，化学肥料生产的方向正向着高浓度、复合化、长效性、液态肥等方面发展。目前，美国、加拿大等国家复合肥料的产量居于世界领先地位，我国复合肥料的产量还比较低。因此，发展复合肥料应是化肥工业研制和生产的主要方向。

3）常见复合肥料的性质和施用

第一，二元复合肥料：

①磷酸铵［$NH_4H_2PO_4$］：又称安福粉。它是磷酸一铵和二铵的混合，为白色结晶状，含氮量为 16%～20%，含磷量为 50%～56%，吸湿性强，易溶于水，属速效肥料。磷酸铵适用于缺氮、磷的土壤，适用于多种植物，宜做基肥、追肥，用量为每亩 12.5 千克左右。

②硝酸钾（KNO_3）：为白色结晶，含氮量为 13%～15%，含钾量为 45%～46%。呈中性，吸湿性小，易溶于水，是速效性肥料。

硝酸钾宜做追肥，应少量多次施用，适于各种土壤。受震受热时易爆炸，应注意安全。

③磷酸二氢钾 KH_2PO_4：为白色晶体或粉末，含磷量为 24%，含钾量 27%，酸性反应，吸湿性小，易溶于水，是速效肥料。

由于价格较贵，目前只做浸种和根外追肥用，浓度不宜过高，以

0.1%～0.2% 为宜，浸种时间 18～20 小时。

第二，三元复合肥料：

①用硝酸分解磷酸盐，再与钾盐反应制成氮、磷、钾三元复合肥料。

②用单一的氮肥、磷肥、钾肥混合，根据需要配制成不同比例的三元复合肥料。

目前我国生产的氮、磷、钾复合肥料有以下三种：

N·P·K 一号复合肥料，含 N12%，$P_2O_5$24%，K_2O12%。其中 N∶P∶K 的比例为 1∶2∶1。

N·P·K 二号复合肥料，含 N10%，$P_2O_5$20%，K_2O15%。其中 N∶P∶K 的比例为 1∶2∶15。

N·P·K 三号复合肥料，含 N10%，$P_2O_5$30%，K_2O10%。其中 N∶P∶K 的比例为 1∶3∶1。

三元复合肥料所占氮、钾都是水溶性的。磷是水溶或弱酸溶性，养分都易被植物吸收利用，均为速效性肥料。三元复合肥料多为颗粒状，吸湿性不大，便于运输和贮存，施用方便。

第三节 有机肥料

一、概述

（一）概念与分类

有机肥料是指含有较多有机质，由动植物有机体及畜禽粪便、垃圾、河泥等废弃物做原料，经人工堆积或利用上述原料制成的肥料。习惯上称农家肥料。有机肥料来源广，投资少，耗能低，效益大，能养地增产。我国农村素有积攒有机肥料的传统，并积累了许多宝贵经验。今后，随着农业生产的发展，有机肥料还将继续发挥它的重要作用。

根据有机肥的积制方法可将有机肥分为以下几类：

1. 粪尿肥类：包括人粪尿、家畜粪尿、禽粪等。

2. 堆沤肥类：包括堆肥、沤肥和秸秆直接还田利用等。

3. 绿肥类：指直接翻压绿色鲜嫩植物体做肥料的总称。包括冬季绿肥、夏季绿肥；水生绿肥、旱生绿肥；一年生绿肥、多年生绿肥；栽培绿肥、野生绿肥等。

4. 饼肥类：指各种含油种子，经榨油后剩余的残渣用作肥料的总称。

5. 泥肥、泥炭类：有泥肥、腐殖酸肥和泥炭肥等。

6. 三废类：生活垃圾、污水等。

7. 杂肥类：骨粉、蹄角粉、鸡毛等。

（二）有机肥料在农业生产中的作用

有机肥料含有植物所需的各种养分和培肥土壤的有机质，所以有机肥料不仅能增加土壤养分、为植物提供养分，而且在提高土壤肥力、改良土壤及改善土壤生态等方面都有着重要的作用。

1. 有机肥料含有多种养分

有机肥料含有植物生长必需的大量元素和微量元素。营养成分多为有机态，经过微生物的分解，能转化为可溶性的能被植物直接吸收利用的养分。

有机肥料腐解过程中产生的胡敏酸、生长素、酶、激素等活性物质，对改善植物营养、加强新陈代谢、促进植物根系发育、刺激植物生长和提高植物对养分的利用等都有重要作用。

有机肥料属于迟效性肥料，养分分解缓慢，不易淋失，肥效长，不仅当年有效，而且后期效果也长，所以能较长时间地持续供给植物矿质养分、有机养分、二氧化碳等。

2. 增加土壤中多种养分的含量

施用有机肥料能增加土壤中各种养分的含量。同时有机肥料经土壤微生物的分解，使迟效养分转化为速效养分，并且在分解过程中常常产生有机酸和无机酸，能促进土壤中一些难溶性无机养分的溶解，从而增加土壤速效养分。所以，施用有机肥料能增加土壤的潜在养分和有效养分。

3. 增加土壤有机质，改善土壤的理化性质

有机肥料通过腐殖化过程所形成的腐殖质，具有改善土壤理化性质的作用。腐殖质的黏结力比黏粒小，但比砂粒大，可通过施用有机肥改良土壤过黏或过砂的质地，调节松紧度。腐殖质可促使土粒形成团聚体，改善土壤结构和耕性，使土壤大、小孔隙适当，调节土壤水、气状况。腐殖质的吸水量为 400%～600%，能增强土壤保水能力；腐殖质是一种有机胶体，具有很大的阳离子交换量，能提高土壤的保肥能力和酸碱缓冲性能。另外，腐殖质颜色深，有利于吸热，提高土温，从而为植物生长创造良好的条件。

4. 增强土壤微生物的活动

施用有机肥料增加了土壤中有益微生物的数量，同时为土壤微生物的活动创造了良好的营养条件和环境条件，使土壤微生物的活动增强，提高了土壤活性。

5. 净化土壤环境

有机肥料中的有机质对镉、铅等重金属有吸附固定作用，使土壤微生物对土壤中残留农药进行分解，有利于土壤环境的净化，使有毒物质对植物的毒害大大减轻甚至消失。

因此，有机肥料不仅是不断维持与提高土壤肥力从而达到可持续发展的关键措施，也是生态系统中各种养分资源得以循环、再利用和净化环境的关键一链，有机肥能持续、平衡地给植物提供养分，从而显著提高植物的品质。

二、人粪尿

（一）人粪尿的成分和性质

人粪尿是人体内新陈代谢的产物，是由人粪和尿组成的一种有机肥料。我国古代的劳动人民就普遍使用人粪尿，有养分含量高、肥效快等优点。

人粪的主要成分：水占 70% ~ 80%；有机质占 20% 左右，其中主要为纤维素、脂肪、脂肪酸、蛋白质及其分解的中间产物；矿物质约占 5%，主要是硅酸盐、磷酸盐、氯化物、钙、镁、钾、钠等盐类；还含有少量易挥发、有强烈臭味的硫化氢、丁酸等物质及大量微生物、寄生虫卵等。新鲜人粪 pH 一般呈中性。

人尿是食物经过人体消化吸收、新陈代谢后排出体外的液体，含有水分和尿素、食盐、尿酸、马尿酸、磷酸盐、铵盐、微量元素及生长素等。新鲜人尿由于含有酸性磷酸盐和多种有机酸，因而呈微酸性。在贮存中，尿素水解生成碳酸铵，呈微碱性。

人粪尿中的养分含量变化较大，成年人粪尿中养分平均含量见下表：

成人粪尿主要养分占鲜重的质量分数

鲜物	水分	有机质	氮	磷	钾
人粪	70% 以上	20% 左右	1.00%	0.50%	0.37%
人尿	90% 以上	3% 以上	0.50%	0.13%	0.19%
人粪尿	80% 以上	5% ~ 10%	0.5% ~ 0.8%	0.2% ~ 0.4%	0.2% ~ 0.3%

由表可见，人粪尿中含氮量最多，磷、钾较少。所以，常把人粪尿当氮肥使用。人粪中的养分主要呈有机态，需经分解腐熟后才能被植物吸收利用。人尿成分比较简单，其中 70% ~ 80% 的氮素以尿素形态存在，因此，人尿分解快，肥效迅速。

（二）人粪尿的贮存

新鲜的人粪尿是蛋白质态，植物不能直接吸收。新鲜的人粪尿中还含有各种病原菌和寄生虫卵，因此，必须经过腐熟，使养分分解转化，并将病原菌和寄生虫卵杀死。鲜尿所含尿素易分解转化，可以直接使用。要做到合理贮存腐熟，首先要了解人粪尿在贮存中的变化，防止养分损失，以提高肥料质量。

1. 人粪尿在贮存中的变化：人粪尿的贮存腐熟过程，是一个生物化学过程，是由人粪尿和大气中进入的微生物共同作用，使人粪尿中复杂的有机物分解为简单的无机物，其中含氮有机物最终分解生成氨和碳酸铵，而碳酸铵不稳定，会进一步分解成氨气、二氧化碳和水。其反应过程如下：

$$CO（NH_2）_2+2H_2O →（NH_4）^2CO_3$$

$$（NH_4）_2CO_3 → 2NH_3 ↑ +CO_2 ↑ +H_2O$$

如果人粪尿保存不好，氨气会挥发造成氮气损失。如果温度高，空气流通，贮存时间过久，则挥发损失更大。因此，在人粪尿贮存期间，关键是要防止氨的挥发损失，贮存时间不要太长，只要达到腐熟程度，即可施用。

2. 人粪尿的贮存：①粪缸、粪池都要加盖遮荫，避免日光直射和空气过度流通。粪缸、粪池必须不渗不漏。②人粪尿贮存腐熟过程及时加入保氮物质。保氮物质有以下两种：第一种，吸附物质：即吸附性强的物质，用干泥炭、细土、青草、秸秆等覆盖或与粪尿掺和，可以吸附氨和减少空气流通。第二种，化学保氮物质：如加入 2%~3% 的过磷酸钙、明矾、石膏等，可使碳酸铵变成硫酸铵等比较稳定的化合物，这样不仅可以固氮，而且还能补充人粪尿的磷素养分，提高肥料质量。

3. 在粪缸、粪池中切忌加入草木灰、石灰等碱性物质。因为这些物质能引起氨的强烈挥发而使氮素损失。

（三）人粪尿的施用

人粪尿属于速效性肥料，可用作基肥和追肥，但以做追肥更适宜，它对于一般树木花卉的生长都有良好的效果，特别是对草本花卉，效果更为显著。人粪尿最好集中施于植物根旁，施后即刻覆土，防止养分损失。在幼苗期，兑水 5~10 倍，植物长大后，可减少兑水量，一般是 3~5 倍，追肥时一般每亩施 500~1000 千克。

人粪尿虽是有机肥料，但有机质含量较少，所以经常与圈肥、堆肥等有机肥料同时施用，以达到改良土壤的目的。人粪尿最好和磷、钾肥配合使用。切勿与草木灰、石灰混合施用，以免养分损失，降低肥效。

三、厩肥

（一）厩肥的成分和性质

厩肥是家畜粪尿与垫料、饲料的残渣混合积攒而成的肥料。厩肥是完全肥料，含有植物需要的各种营养元素和丰富的有机质。因此，能改善植物营养状况和提高土壤肥力。厩肥的主要成分是纤维素、半纤维素、蛋白质、脂肪、有机酸及各种无机盐类，还有尿素、尿酸、马尿酸等。但是，由于家畜种类、饲料种类和质量不同，垫料不同，因而所含氮、磷、钾的形态和数量也不相同，见下表：

新鲜家畜粪尿中各成分含量（单位：%）

种类		水分	有机质	氮	磷	钾	钙	碳：氮
猪	粪	81.5	15.0	0.6	0.40	0.44	0.09	14：1
	尿	96.7	2.8	3.0	0.12	0.95	/	
马	粪	75.8	21.0	0.58	0.30	0.24	0.15	24：1
	尿	90.1	7.1	1.20	0.01	1.50	0.45	
牛	粪	83.3	14.5	0.32	0.25	0.16	0.34	26：1
	尿	93.8	3.5	0.95	0.03	0.95	0.01	
羊	粪	65.5	31.4	0.65	0.47	0.23	0.46	29：1
	尿	87.2	8.3	1.68	0.03	2.10	0.16	

（摘自《绿化工（高级）》，运骅主编，2003 年版）

由表可知，畜粪中含有机质较多，为 14% ~ 31%，其中氮、磷含量比钾高；畜尿中含氮、钾较多而含磷很少。唯猪尿例外。此外，畜粪尿中还含有丰富的钙、镁、硫和各种微量元素。各种家畜粪尿中羊粪的氮、磷、钾含量最多，而猪、马次之，牛最少。

在一般的情况下，厩肥所含养分平均为：氮 0.5%，磷 0.2%，钾 0.6%。厩肥因家畜种类不同，消化系统、消化能力不一样，因而表现在粪质的粗细、含水量的多少以及粪肥分解腐熟的快慢不一，发热的多少也不相同。因此，根据这些特性，将其分为冷性肥料和热性肥料两大类。

1. 冷性肥料

粪质较细，含水量较多，空气不易流通，因而腐熟分解慢，称为冷性肥料。由于分解慢，所以是一种迟效肥料，如牛粪具有这一特性。

2. 热性肥料

因牲畜对饲料咀嚼粗放，排泄的粪便含维纤素较多，粪质疏松多孔，水分易散失，腐熟分解较快，在堆积发酵时所产生的热量较高，施入土壤后可提高土温，故称为热性肥料。常用作温床的固热材料，如马粪就具有这一特性。猪粪、羊粪的热力特性在牛粪与马粪之间。

（二）贮存

厩肥和其他有机肥料一样，需要经过微生物的作用腐熟转化。因此，厩肥的积存原则是既要促进腐熟，又要防止养分的损失。

我国幅员辽阔，南北气温相差悬殊，各地所用饲料和垫料各有不同，因此，各地厩肥的堆腐方法也不同。

1. 厩内积存

厩内经常加入秸秆、稻草、干草、干土、干泥炭等垫料，既有利于家畜卫生，又能保持养分，这些垫料吸水性较强，粪尿不易流失。栏内垫料应勤垫勤起，待垫料厚 20～25 厘米时，即应运至厩外。

2. 厩外堆腐

将厩肥从畜舍内挖出后，先疏松堆积，在好气分解条件下，堆内温度可达 60～70℃，此时，大部分病原菌、虫卵和杂草种子被杀死。待温度下降后，立即压紧，在上面再堆上新鲜厩肥，使下层的厩肥在嫌气条件下继续分解。一般经过 1～2 个月即可达到半腐熟程度。厩肥是优质的肥料，对园林树木、苗圃、花圃施用后都有明显肥效。一般用作基肥，施用量一般每亩 1500～2500 千克。经充分腐熟的厩肥也可以做追肥用，可与化学肥料混合使用。

四、绿肥

（一）概念与种类

凡是将绿色植物直接翻入土中或是割下来，运往另一块地当作肥料翻入土中的，称之为绿肥。

绿肥是一种养分完全的生物肥源，它的种类很多，按其来源分为栽培绿肥和野生绿肥；按植物学分为豆科绿肥和非豆科绿肥；按种植季节分为冬季绿肥、夏季绿肥和多年生绿肥；按利用方式分为稻田绿肥、麦田绿肥、棉田绿肥、覆盖绿肥、肥菜兼用绿肥、肥饲兼用绿肥、肥粮兼用绿肥等；按生长环境分为旱地绿肥和水生绿肥。

（二）绿肥的作用

我国利用绿肥已有几千年的历史，在长期的实践中，积累了宝贵的经验。发展绿肥是解决肥料问题的重要途径。绿肥的主要作用有：

1.农作物提供养分，其养分含量，以占干物重的百分率计，氮（N）为2%~4%，磷（P$_2$O$_5$）为0.2%~0.6%，钾（K$_2$O）为1%~4%，豆科绿肥作物还能把不能直接利用的氮气固定转化为可被作物吸收利用的氮素养分。

2.碳占干物重的40%左右，施入土壤后可以增加土壤有机质，改善土壤的物理性状，提高土壤保水、保肥和供肥能力。

3.减少养分损失，保护生态环境。

4.改善农作物茬口，减少病虫害。

5.栽种优质饲草，发展畜牧业。一些绿肥还是工业、医药和食品的重要原料。

（三）主要绿肥作物

作为绿肥的植物品种较多，现介绍几种生产中常用的绿肥。

1.冬季绿肥

（1）紫云英：又名红花草，是越年生草本植物，根系发达，有根瘤。能固定空气中的氮气。喜微酸性至中性土壤，但在北方石灰性土壤中也可种植。紫云英一般可采用压青和割青两种利用方法做基肥。每公顷播种量以30~45千克为宜，如图：

（2）毛叶苕子：为豆科植物，适应性强，较耐瘠薄，耐低温，适宜在丘陵地、平原地和湖地种植。一般在氮素缺乏的土壤上种植苕子，有明显的增

紫云英
1.植株
2.荚果
3.雄蕊、雌蕊和
花萼（展开）
4.花冠的各片

毛叶苕子
1.花
2.荚果
3.叶
4.苕枝

产效果。翻压做肥料，既能改良土质，又能提高肥力。毛叶苕子的播种量一般以每公顷 37.5~45 千克为宜，如图：

（3）蚕豆：蚕豆是豆科植物，种子可以供食用。蚕豆一般在开花盛期植株含养分丰富，适于翻压做绿肥。如图：

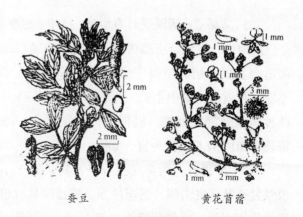

蚕豆　　　　　　黄花苜蓿

蚕豆喜温暖湿润气候，适应性强，在平原、丘陵地区均生长良好，一般秋季播种，来年初夏植株可作绿肥施用。

（4）黄花苜蓿：是多年生豆科草本绿肥植物。喜温暖湿润的气候，适宜种植于排水良好的砂性土壤，耐盐力强，是改良盐碱地的有效绿肥植物如图：

黄花苜蓿一般播种量以每公顷 37.5~56 千克为宜，在 9 月中旬播种。由于种皮坚厚，为了提高发芽率，应在播种前先进行晒种、捣种和浸种等处理。

2. 夏季绿肥

（1）田菁：又称涝豆，为一年生豆科草本植物，是我国南方地区主要的夏季绿肥作物。田菁适应性较广，生长快，产量高，对土壤的保肥作用大。我国东南沿海地区种植田菁具有改良盐碱地的作用。

田菁适宜天下无双翻压做肥料，可增加土壤养分，提高土壤肥力。一般在 3~7 月均可播种，每公顷用量 37.5~75 千克。

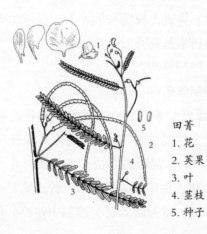

田菁
1. 花
2. 荚果
3. 叶
4. 茎枝
5. 种子

（2）猪屎豆：猪屎豆具有耐酸、抗旱、耐瘠等特性。在丘陵地区，坡地、土质瘠薄、缺乏灌溉条件的地方，都适合发展种植。值得注意的是猪屎豆不适宜在碱性土壤及黏重的土壤中生长。猪屎豆一般在4~5月播种。播种前须经浸种处理，以提高种子发芽率。播种量以每公顷30~37.5千克为宜，如图：

猪屎豆

（3）紫穗槐：为多年生豆科植物，属于小灌木，根系发达且萌发力强，适应性强。紫穗槐具有根瘤菌，固氮作用明显。新鲜紫穗槐含氮1.32%，是紫云英、毛叶苕子、蚕豆、黄花苜蓿的两倍。紫穗槐一般以扦插繁殖为主，选用两年生健壮枝条为插穗。如图：

紫穗槐

五、堆肥

（一）堆肥的概念及意义

堆肥是利用秸秆、绿肥、杂草等植物性物质与泥土、人粪尿、垃圾等混合堆置，经好气微生物分解而成的肥料。

堆肥在堆积过程中利用各种微生物对有机残体进行分解腐熟，使各种有机物质转化为腐殖质和可溶性的无机养分，供植物吸收利用。堆肥在农林绿化中有许多优点：

1. 原料来源广泛，可就地取材，肥量多；

2. 养分完全，质量好；

3. 能改良土壤质地，促进土壤结构的形成，提高土壤肥力；

4. 能显著促进园林树木及花卉的生长发育；

5. 改善环境卫生，保持整洁。

（二）堆制方法和制作条件

1）堆制方法，按原料的不同，分高温堆肥和普通堆肥。高温堆肥以纤维含量较高的植物物质为主要原料，在通气条件下堆制发酵，产生大量热量，堆内温度高（50℃~60℃），因而腐熟快，堆制快，养分含量高。高温发酵过程中能杀死其中的病菌、虫卵和杂草种子。普通堆肥一般掺入较多泥土，发酵温度低，腐熟过程慢，堆制时间长。堆制中使养分化学组成改变，碳氮比值降低，能被植物直接吸收的矿质营养成分增多，并形成腐殖质。

2）堆肥腐熟良好的条件：①水分。保持适当的含水量，是促进微生物活动和堆肥发酵的首要条件。一般以堆肥材料量最大持水量的 60%～75% 为宜。②通气。保持堆中有适当的空气，有利于好气微生物的繁殖和活动，促进有机物分解。高温堆肥时更应注意堆积松紧适度，以利通气。③保持中性或微碱性环境。可适量加入石灰或石灰性土壤，中和调节酸度，促进微生物繁殖和活动。④碳氮比。微生物对有机质正常分解作用的碳氮比为 25：1。而豆科绿肥碳氮比为 15～25：1、杂草为 25～45：1、禾本科作物茎秆为 60～100：1。因此根据堆肥材料的种类，加入适量含氮较高的物质，以降低碳氮比值，促进微生物活动。

（三）堆肥的使用

堆肥含有丰富的氮、磷、钾，是一种完全肥料，适于各种树木、花卉和各类土壤施用。因堆肥是一种迟效性肥料，宜做基肥。一般在耕作前，均匀撒施于地面，然后翻入土中，也可条施、沟施，最好与化肥配合施用，一般每亩用量为 2000～2500 千克。

六、饼肥

（一）饼肥的概念和种类

饼肥是用含油分较高的植物种子，经过榨油后剩下的残渣制成的。我国的饼肥资源丰富，种类很多，是一种优质的有机肥料，在园林生产上也被广泛地应用。

我国油料作物种类很多，因此，生产的饼肥种类也很多，主要有大豆饼、油菜籽饼、花生饼、芝麻饼、棉籽饼、蓖麻饼、茶籽饼、葵花子饼、桐籽饼等。

（二）饼肥的成分和性质

饼肥的成分因油料品种，榨油方法而有所不同，一般含有机质、氮、磷、钾，并且含一些微量元素。所以，饼肥是一种养分丰富的完全肥料。如下表：

饼肥养分含量表（单位：%）

饼肥种类	有机质	氮	磷	钾
大豆饼	75.0	7.00	1.32	2.13
油菜籽饼	75.0	4.60	2.48	1.40

续表

饼肥种类	有机质	氮	磷	钾
花生饼	-	6.32	1.17	1.34
芝麻饼	-	5.80	3.00	1.30
棉籽饼	-	3.41	1.63	0.97
葵花子饼	-	5.10	2.70	-
蓖麻饼	-	5.00	2.00	1.90
桐籽饼	-	3.60	1.30	1.30
茶籽饼	81.8	1.11	0.37	1.23

从表中可见，饼肥中有机质丰富，含有各种养分，并以氮素含量最高。钾、磷次之。

饼肥的性质：饼肥中的氮素多呈有机态，主要以蛋白质形式存在。因此，需要经过分解，才能被植物吸收利用。所以，饼肥为迟效性氮肥。饼肥里的磷，大部分也呈有机态，但较易转化。而钾素大部分为水溶性，易被植物吸收。

另外，饼肥中还含有少量的油脂和脂肪酸等化合物。油脂难以分解，其含量的多少决定着饼肥的分解快慢。饼肥的肥效决定于分解速度，与饼肥的种类和成分有很大关系。一般含氮量高的饼肥，如大豆饼、花生饼等，大多不含有毒物质，碳素比例小，容易分解，粉碎后可直接施用于树木、花卉。但茶籽饼、桐籽饼含氮量较低，碳氮比例高，难以分解，又多含有毒物质，一定要经过发酵后才能施用。这样既利于发挥肥效，又可将有毒物质分解破坏，以免对树木花卉造成危害。

（三）饼肥的施用

1）饼肥可做基肥和追肥，施用前必须把饼肥打碎。如做基肥，应播种前7~10天施入土中，旱地可条施或穴施，施后与土壤混匀，不要靠近种子，以免影响种子发芽。

2）如用做追肥，要经过发酵腐熟，否则施入土中继续发酵产生高热，易使作物根部烧伤。在水田施用须先排水后均匀撒施，结合第一次耕田，使饼肥与土壤充分混合，2~3天后再灌浅水，旱地宜采用穴施或条施。

3）饼肥的施用量应根据土壤肥力高低和作物品种而定，土壤肥力低和耐肥品种宜适当多施；反之，应适当减少施用量。一般说来，中等肥力的土壤，黄瓜、番茄、甜辣椒等每亩施100千克左右。由于饼肥为迟效性肥料，应注意配合施用适量有速效性的氮、磷、钾化肥。

4）饼肥的施用时期，做瓜类茄果类基肥宜在定植前 7～10 天施用，做追肥一般可在结果后 5～10 天在行间开沟或穴施，施后盖土。甘蔗生育期较长，除部分用做基肥外，结合第一次中耕做追施攻蘖肥，第二次中耕培土做追施攻茎肥。

5）大豆饼、花生饼、芝麻饼等含有较多的蛋白质及一部分脂肪，营养价值较高，是牲畜的精饲料，应先用来喂猪，再以猪粪尿肥田，比饼肥直接施用带来的经济效益更大。

七、杂肥

杂肥是以杂草、垃圾、灰土等所沤制的肥料。其主要包括各种土肥、泥肥、糟渣肥、骨粉、草木灰、屠宰场废弃物及城市垃圾等。

1. 熏土：熏土也叫熏肥，是用枯枝落叶、草皮、稻根、秸秆等燃料，在适宜温度和少氧的情况下，将富含有机质的土块熏制而成的。熏土的肥分比一般肥土高，是一种含速效氮、磷、钾较高的土肥。因此，可做基肥、追肥。

2. 烟囱灰：是由工厂烟囱扫除下来的黑色粉状物。含有大量游离碳素，氮素的含量比较高，达到 3.5% 左右，大部分为铵态氮。一般多施用于蔬菜的苗床及水稻秧田。

3. 泥肥：河、塘、沟、湖中的肥沃淤泥统称为泥肥。成分比较复杂，除含有一定数量的有机质外，还含有氮、磷、钾等多种养分。泥肥用作基肥和追肥均可。大量施用泥肥，不仅可以供给作物养分，还可以增厚耕作层，改良土壤的物理性状，提高土壤的保肥能力。

4. 草木灰：作物秸秆、柴草、枯枝落叶等燃烧后剩下的灰分统称草木灰。其成分复杂，植物体所含的灰分元素，草木灰中都有。但以钾、钙含量为最多，磷次之，多做钾肥用。草木灰适用于除盐碱以外的各种土壤，尤其适用于酸性土壤。可做基肥和追肥。施用前要用 2～3 倍的湿土拌和，或淋上少量的水将灰湿润。

第四节 微生物肥料

一、微生物肥料的概念

微生物肥料又称生物肥料、菌肥、接种剂，是一类以微生物生命活动使农作物得到特定的肥料效应的微生物活体产品。它无毒无害、不污染环境，微生物肥料是既含有作物所需的营养元素，又含有微生物的制品，是生物、有机物、无机物的结合体，能提供农作物生长发育所需的各类营养元素。

二、微生物肥料的分类

1. 根据微生物肥料对改善植物营养元素的不同，可分为以下类别。

根瘤菌肥料能在豆科植物根上形成根瘤，可同化空气中的氮气，改善豆科植物氮素营养，有花生、大豆、绿豆等根瘤菌剂。

固氮菌肥料能在土壤中和许多作物根际固定空气中的氮气，为作物提供氮素营养；又能分泌激素刺激作物生长，有自生固氮菌、联合固氮菌等。

磷细菌肥料能把土壤中难溶性的磷转化为作物可以使用的有效磷，改善作物磷素营养。种类有磷细菌、解磷真菌、菌根菌等。

硅酸盐细菌肥料能对土壤中云母、长石等含钾的铝硅酸盐及磷灰石进行分解，释放出钾、磷与其他灰分元素，改善植物的营养条件。有硅酸盐细菌、其他解钾微生物等。

复合菌肥料含有上述两种以上有益的微生物，它们之间互不拮抗并能提高作物一种或几种营养元素的供应水平，并含有生理活性物质。

2. 从其成分上可分为：单纯生物肥，它本身基本不含营养元素，而是以微生物生命活动的产物改善作物的营养条件，活化土壤潜在肥力，刺激作物生长发育，抵抗作物病虫危害，从而提高作物产量和质量。因而单纯生物肥不能单施，要与有机肥、化肥配合施用才能充分发挥它的效能，如大豆根瘤菌、磷素活化剂、生物钾肥等。有机—无机—生物复合肥，它是有机肥、无机肥、生物菌剂三结合的肥料制品，既含有作物所需的营养元素，又含有微生物，它可以代替化肥供农作物生长发育。如目前市场销售的生物有机复合肥、绿色食品专用肥、生物有机复合肥等，都是在制造过程中，添加生物菌剂，缩短有机肥的生产周期、增加其速效成分，生物有机肥与传统有机肥的区别在于工厂化、专业化生产，有人也将这类肥料称为精制商品有机肥。

三、微生物肥料的特点

生物有机复合肥是汲取传统有机肥料之精华，结合现代生物技术加工而成的高科技产品。其营养元素集速效、长效、增效为一体，具有提高农产品品质、抑制土传病害、增强作物抗逆性、促进作物早熟的作用，其主要特点是：

1. 无污染、无公害。生物复合肥是天然有机物质与生物技术的有效组合。它所包含的菌剂，具有加速有机物质分解的作用，为作物制造或转化速效养分提供"动力"。同时菌剂兼具提高化肥利用率和活化土壤中潜在养分的作用。

2. 配方科学、养分齐全。生物有机复合肥料一般是以有机物质为主体，配合少量的化学肥料，按照农作物的需肥规律和肥料特性进行科学配比，与生物"活化剂"完美组合，除含有氮、磷、钾大量营养元素和钙、镁、硫、铁、硼、锌、硒、钼等中微量元素外，还含有大量有机物质、腐殖酸类物质和保肥增效剂，养分齐全，速缓相济，供肥均衡，肥效持久。

3. 活化土壤、增加肥效。生物肥料具有协助释放土壤中潜在养分的功效。对土壤中氮的转化率达到 5%～13.6%；对土壤中磷、钾的转化率可达到 7%～15.7% 和 8%～16.6%。

4. 低成本、高产出。在生育期较短的第三、四积温带，生物有机复合肥可替代化肥进行一次性施肥，降低生产成本。如大豆每亩施用生物复合专用肥 30～40 千克，玉米每亩施用专用肥 50～75 千克，一次性做底肥施入，不需追肥，既节省投资，又节省投工。与常规施用化肥相比，在等价投入的情况下，粮食作物每亩可增产 10%～20%。

5. 提高产品品质、降低有害积累。生物复合肥中的活化剂和保肥增效剂的双重作用，可促进农作物中硝酸盐的转化，减少农产品硝酸盐的积累。与施用化学肥料相比，可使产品中硝酸盐含量降低 20%～30%，VC 含量提高 30%～40%，可溶性糖可提高 1～4 度。产品口味好、保鲜时间长、耐储存。

6. 有效提高耕地肥力、改善土壤供肥环境。生物肥中的活化菌所溢出的孢外多糖是土壤团粒结构的黏合剂，能够疏松土壤，增强土壤团粒结构，提高保水保肥能力，增加土壤有机质，活化土壤中的潜在养分。

7. 抑制土传病害。生物肥能促进作物根际有益微生物的增殖，改善作物根际生态环境。有益微生物和抗病因子的增加，还可明显地降低土传病害的侵染，降低重茬作物的病情指数，连年施用可大大缓解连作障碍。

8. 促进作物早熟。

四、施用原则

微生物肥料肥效的发挥，既受其自身因素如肥料中所含有效微生物种类和数量、活性大小等质量因素的影响，又受到外界其他因子如土壤水分、有机质、pH 值等生态因子的制约，所以微生物肥料的选择和应用都应注意合理性。到目前为止，已获得国家批准登记的微生物肥料只有 100 多种，实际上生产的厂家已超过 2000 家，所以市场上销售的微生物肥料良莠不齐。农民朋友缺乏相关知识和检测手段，因此在选择微生物肥料时，要向当地有关从事土壤肥料的单位（土肥站、农科所）进行咨询，尤其要注意以下几个问题：

1. 没有获得国家登记证的微生物肥料不能推广

国家规定微生物肥料必须经农业部指定单位检验和正规田间试验，充分证明其效益、无毒、无害后由农业部批准登记，而且先发给临时登记证，经 3 年实际应用检验可靠后再发给正式登记证。正式登记证有效期只有 5 年。所以没有获得国家登记证的微生物肥料，质量有可能出问题，不要大面积推广使用。

2. 有效活菌数达不到标准的微生物肥料不要使用

国家规定微生物肥料菌剂有效活菌数≥2 亿 / 克，生物有机肥有效活菌数≥2000 万 / 克，而且应该有 40% 的富余。如果达不到这一标准，说明质量达不到要求。

3. 存放时间超过有效期的微生物肥料不宜使用

由于技术水平的限制，目前我国绝大多数微生物肥料的有效菌成活时间不超过一年。所以必须在有效期内尽快使用，越早越好，过期的微生物肥料肯定会影响其肥效。

4.存放条件和使用方法须严格按规定办

微生物肥料中很多有效活菌不耐高温、低温和强光照射，不耐强酸碱，不能与某些化肥和杀菌剂混合。所以，推广应用微生物肥料必须按产品说明书进行科学保存和使用。

5.施用方法

微生物肥料要施入作物根正下方，不要离根太远，同时盖土，不要让阳光直射到菌肥上；微生物肥料主要用作基肥，不宜叶面喷施；微生物肥料的使用，不能代替化肥的使用。

6.妥善保管

未用完的微生物肥料要妥善保管，防止微生物肥料中的细菌传播。

五、微生物肥料在我国农产品中的作用

微生物肥料能增进土壤肥力，协助农作物吸收营养，活化土壤中难溶的化合物供作物吸收利用。微生物产生的多种活性物质和抗抑病物质，对农作物的生长有良好的刺激与调控作用，可减少作物病虫害以及提高农作物产品品质。近年来随着植物有益微生物的研究、开发和利用，微生物肥料的一些新的作用正在逐渐被开发出来。例如，作物秸秆、城市垃圾的腐熟微生物二氧化碳产气剂等，施用微生物肥料的还可以较大幅度地减少化肥的使用，降低农业生产成本。微生物肥料的作用和在农产品中的地位正在日益外延和扩展，现已证实的作用有：增进土壤肥力；协助作物吸收营养；增强植物抗病和抗旱能力，使用后能够减少植物病虫害，增产增收；产生多种生理活性物质刺激和调控作物生长；提高农作物产品品质，减少和降低硝酸盐在作物体内的积累；减少化肥的使用量；促进农作物废弃物、城市垃圾的腐熟和开发利用；净化土壤环境。

因此，微生物肥料在我国的食品安全、环境保护和农业可持续发展中具有十分重要的地位和作用，而且会越来越重要。

第三章

测土配方施肥

第一节 测土配方施肥的概念

一、什么是测土配方施肥

测土配方施肥是以土壤测试和肥料田间试验为基础,根据作物需肥规律、土壤供肥性能和肥料效应,在合理施用有机肥料的基础上,提出氮、磷、钾及中、微量元素等肥料的施用数量、施肥时期和施用方法。通俗地讲,就是在农业科技人员指导下科学施用配方肥。测土配方施肥技术的核心是调节和解决作物需肥与土壤供肥之间的矛盾。同时有针对性地补充作物所需的营养元素,作物缺什么元素就补充什么元素,需要多少补多少,实现各种养分平衡供应,满足作物的需要;达到提高肥料利用率和减少用量,提高作物产量,改善农产品品质,增收节支的目的。

测土配方施肥是被联合国粮农组织重点推荐的一项先进农业技术,也是我国当前大力推广的科学施肥技术,是通过对土壤采样和化验分析,以土壤测试和田间试验为基础,根据作物需肥规律、土壤供肥性能和肥料效应,在合理施用有机肥料的基础上,提出氮、磷、钾及中、微量元素等肥料的施用品种、数量、施肥时期和施用方法,以最经济的肥料用量和配比,获取最好的农产品产出的科学施肥技术。实践证明,推广测土配方施肥技术,可以提高化肥利用率 5%~10%,增产率一般为 10%~15%,高的可达 20% 以上。实行测土配方施肥不但能提高化肥利用率,获得稳产高产,还能改善农产品质量,是一项增产、节肥、节支、增收的有效措施。

二、为什么要进行测土配方施肥

人们常说"有粮无粮在于水，粮多粮少在于肥"，事实并非完全如此。有的农民化肥没少用，但产量却不高，或产量较高，收入却没增加多少。这是因为农作物不同，其需要的养分也不同；土壤类型不同，应施的肥料量也不同。肥料并不是施得越多越好，盲目施用过多，既浪费肥料，又增加生产成本、降低产量、减少收益。测土配方施肥就是针对这些问题提出来的。

1. 作物的需肥特点与施肥

不同作物对养分所需要的数量各不相同，具有选择性吸收的特点，如水稻、玉米等是以生产淀粉和蛋白质为主的禾谷类作物，这类作物对氮的需要量较大，磷、钾次之；马铃薯、红薯、荔浦芋等作物为了促进地下块根碳水化合物（糖和淀粉）的积累合成，对磷、钾需要量较大，氮次之；大豆等豆科作物对磷的需要量比一般作物多，因为磷能促进根瘤的生长繁殖，提高根瘤的固氮能力；而叶菜类蔬菜作物是以生产叶子为主的，对氮的需要量比任何作物都大。作物的需肥特性告诉我们，对不同作物要选择不同的肥料搭配施用。

2. 土壤的供肥保肥性与施肥

土壤是在一定气候环境条件下形成的活"生物体"，受形成条件、成土母质、气候、植被、耕作方式等因素的影响而不同，不同土壤的养分含量有明显差异。据研究，作物生长发育所需要的养分70%来自于土壤，由于不同类型的土壤供肥保肥性差别很大，应施肥料的品种搭配和数量要求不同，增产效果也不同。

3. 有机肥与化肥的相互作用

有机肥是含有氮、磷、钾和微量元素的完全肥料，在培肥改土方面有着化肥不可代替的作用。有机肥料不仅能为农作物提供全面营养，促进生长，而且有机肥进入土壤后经过分解与合成，形成土壤有机胶体，它与土壤无机胶体复合促使土壤中形成良好的土壤团粒结构，增强土壤的保水保肥供肥能力。有机肥与化肥配合施用，可使化肥利用率大大提高，肥效得到充分发挥，同时化肥用量也可相应减少。

第二节 测土配方施肥的基本原理及意义

测土配方施肥，考虑到作物、土壤、肥料体系的相互联系，其遵循的基本原理主要有：

1. 养分归还律

养分归还律是德国化学家李比希 1843 年提出的。他从植物、土壤和肥料中营养物质变化及其相互关系入手，认为人类在土地上种植作物，并把产物拿走，作物从土壤中吸收矿物质元素，就必然会使地力逐渐下降，而土壤中所含养分将会越来越少，就必须归还由于作物收获而从土壤中取走的全部养分，否则地力将衰竭。

2. 最少养分律

最少养分律是指土壤中有效养分相对含量最少（即土壤的供给能力最低）的那种养分。说明要保证作物的正常生长发育，获得高产，就必须满足它们所需要的一切元素的种类和数量及其比例。这其中有一个达不到需要的数量，生长就会受到影响，产量就受这一最小元素所制约。

3. 报酬递减律

报酬递减律是在假定其他生产要素相对稳定的条件下，随着施肥量的增加，作物的产量也会随之增加，但单位重量的肥料所增加的产品数量却下降。在某一特定的生产阶段中，一般来说，生产要素是相对稳定的，所以，报酬递减律也是客观存在的。报酬递减律揭示了施肥与经济效益的关系，即在不断提高肥料用量达到一定限度的情况下会导致经济效益的下降。

4. 因子综合作用律

为了充分发挥肥料的最大增产效益，施肥必须与选用良种、肥水管理耕作制度、气候变化等影响肥效的诸因素相结合，这就是因子综合作用律。

第三节 测土配方施肥的方法

测土配方施肥的实施主要包括八个步骤：采集土样→土壤化验→确定配方→组织配方肥→按方购肥→科学用肥→田间监测→修订配方。

测土配方施肥的关键：一是确定施肥量，就像医生针对病人的病症"开出药方、按方配药"，根据土壤缺什么，确定补什么；二是根据作物营养特点、不同肥料的供肥特性，确定施肥时期及各时期的肥料用量；三是选择切实可行的施肥方法，制定与施肥相配套的农艺措施，以发挥肥料的最大增产作用。

（一）配方施肥量的确定

当前所推广的配方施肥技术主要从定量施肥的不同依据来划分，可以归纳为以下几个类型：

1. 地力分区（级）配方法

按土壤肥力高低分成若干等级，或划出一个肥力均等的片区，作为一个配方区。利用土壤普查资料和过去田间试验成果，结合群众的实践经验，估算出这一配方区比较适宜的肥料种类及其施用量。

2. 目标产量配方法

根据作物产量的构成，由土壤和肥料两个方面供给养分的原理来计算肥料的施用量。目标产量确定后，计算作物需要吸收多少养分来施用多少肥料。目前主要采用养分平衡法，就是以土壤养分测定值来计算土壤供肥量。肥料需要量可按下列公式计算：

化肥施用量＝｛（作物单位吸收量 × 目标产量）－土壤供肥量｝÷（肥料养分含量 × 肥料当季利用率）

式中：作物单位吸收量 × 目标产量 = 作物吸收量

土壤供肥量 = 土壤测试值 ×0.15× 修正系数

土壤测试值以毫克 / 千克表示，0.15 为养分换算系数，修正系数通过田间试验获得。

3.肥料效应函数法

不同肥料施用量对产量的影响，称为肥料效应。肥料用量和产量之间存在着一定的函数关系。通过不同肥料用量的田间试验，得出函数方程，用以计算出肥料最适宜的用量。常用的有氮、磷、钾比例法；通过田间肥料测试，得出氮、磷、钾最适用量，然后计算出氮、磷、钾之间的比例，确定其中一个肥料元素的用量，就可以按比例计算出其他元素的用量，如以氮定磷、定钾，以磷定氮、定钾等。

4.计算机推荐施肥法

在实际生产中，由人工计算配方施肥的施肥量是一项较复杂的工作，农民不容易掌握，为此，广西土肥站近年运用计算机技术，通过对大量数据处理和专家的归纳总结，开发了一套广西测土配方施肥专家系统。通过系统对土壤养分结果的录入和运算，计算机能很快地提出作物的预测产量（生产能力）和最佳施肥配比和施肥量，指导农民科学施肥。

第四章

作物营养元素及其主要生理功能

一、植物营养元素

植物在其生长发育过程中，除了需要一定的光照、水分、空气和热量外，还必须不断地从外界吸收它所需要的各种营养元素进行同化作用，以维持其生命活动。到目前为止，人们已发现植物从环境中吸收到体内的化学元素有70多种。这些进入植物体内的各种化学元素并非都是植物生活必需的，有些元素可能是以某种方式偶然进入植物体内的，它们在植物体内的含量变化较大，有的元素在特定条件下还能大量积累；相反，有些元素在植物体内的含量甚微，然而它们是植物生长发育不可缺少的营养元素。确定植物必需营养元素有如下3个标准：

（1）该元素对所有植物的生长发育是不可缺少的。缺少这种元素植物就不能完成其生活周期。

（2）缺少这种元素后，植物会表现出特有的缺素症状，而其他任何一种化学元素均不能代替其作用，只有补充这种元素症状才能减轻或消失。

（3）该种元素必须是直接参与植物的新陈代谢，并对植物起直接的营养作用。

根据科学家们多年的研究结果，到目前为止，已发现和确定的植物营养元素有16种。它们是：碳（C）、氢（H）、氧（O）、氮（N）、磷（P）、钾（K）、钙（Ca）、镁（Mg）、硫（S）、铁（Fe）、锰（Mn）、锌（Zn）、铜（Cu）、钼（Mo）、硼（B）和氯（Cl）16种。这16种植物必需营养元素在植物体内的含量相差很大，一般根据它们在植物体内含量的多少划分为大量营养元素、中量营养元素和微量营养元素3类。

1. 大量营养元素

大量营养元素是植物需要量较多，在植物体内含量较高的元素，一般占植物干重的百分之几到千分之几。属于这一类的营养元素有：碳（C）、氢（H）、氧（O）、氮（N）、磷（P）、钾（K）6种。前3种元素植物主要从空气和水中吸收，后3种主要来自于土壤和施用的肥料（其中氮素可由豆科植物从空气中固氮获得）。

2. 中量营养元素

在植物必需的营养元素中，植物的需要量介于大量元素和微量元素之间的称为中量元素，它们在植物体内的含量占植物干重的千分之几。属于这一类的营养元素有：钙（Ca）、镁（Mg）、硫（S）3种。这3种元素有时也被划分到大量营养元素中去。

3. 微量营养元素

微量元素的含量占植物干重的万分之几，甚至更少。它们是铁（Fe）、锰（Mn）、锌（Zn）、铜（Cu）、钼（Mo）、硼（B）和氯（Cl）7种。生产中常用的微肥就是这些元素。

除了上述植物生长必需的16种营养元素外，还有一些元素，它们对植物生长有刺激作用。但是，对植物来说不是必需的，或对某些植物种类或在特定条件下是必需的，这类矿质元素被称为有益元素。例如，钠对某些盐土植物（如盐蓬）是必需的，在非盐土植物中，钠也能在一定限度内部分取代钾的生理功能。硅是水稻生长发育所必需的，在缺硅的水稻土上生长的水稻易倒伏。另外，钴、镍、硒、铝和钛对某些植物也有一定的有益作用，施用这些元素对作物有一定的增产效果。

二、植物营养元素的主要生理功能

（一）碳、氢、氧的主要生理功能

碳、氢、氧是植物有机体的主要组成成分，三者的总量约占植物干重的90%以上。碳、氢、氧三者以不同的方式组合起来可形成多种多样的碳水化合物，如纤维素、半纤维素和果胶质等细胞壁的组成物质，而细胞壁是支撑植物体的骨架。碳、氢、氧也可构成植物体内各种生活活性物质，如某些维生素和植物激素等，直接参与体内代谢活动，为植物体正常生长所必需。此外，它们可构成糖、脂肪、酚类等化合物，其中以糖最为重要。糖类是合成植物体内许多重要化合物的基本原料，如蛋白质和核酸等。碳水化合物在代谢过程中还可释放出能量，供植物利用，这也是不可忽视的重要功能之一。

从植物代谢角度来看，这 3 种元素各自都有许多特殊的作用。例如，CO_2 是光合作用的原料，绿色植物不可缺少；O_2 是植物有氧呼吸所必需；H^+ 在氧化还原反应中是还原剂，是光合作用和呼吸作用过程中维持膜内外酸度梯度所必需，在能量代谢中有重要作用。此外，对保持细胞内离子平衡和稳定 pH 方面，H^+ 也有重要贡献。

（二）氮的主要生理功能

单纯由碳、氢、氧三元素组成的各种化合物，在植物体中虽很重要，但不能构成生命物质。在与植物体生命有关的物质中，最主要的是含有氮、磷、硫的蛋白质和核酸。

氮是植物体内许多重要有机化合物的组成成分，如蛋白质、核酸、叶绿素、酶、维生素、生物碱和激素等都含有氮素。

1. 生命存在的基础物质

在所有生物体内，蛋白质最为重要。它是构成原生质的基础物质。蛋白质中平均含氮16%~18%。它常处于代谢的中心地位，在作物生长发育过程中，细胞的增长和分裂，以及新细胞的形成都必须有蛋白质参与。植物缺氮常使蛋白质合成减少及新细胞形成受阻，而导致植物生长发育缓慢，甚至出现生长停滞现象。蛋白质的重要性还在于它是生物体生命存在的形式。一切动植物的生命都是在蛋白质不断合成和分解动态变化中才有生命存在。如果没有氮素，就没有蛋白质，也就没有生命。所以，氮被称为生命元素。

2. 构成核酸和核蛋白

核酸也是植物生长发育和生命活动的基础物质，它含氮15% ~ 16%。无论是在核糖核酸（RNA）或是在脱氧核糖核酸（DNA）中都含有氮素。通常核酸在细胞内与蛋白质结合，以核蛋白的形式存在。核酸和核蛋白在植物生活和遗传变异过程中有特殊作用。

3. 叶绿素的组成元素

众所周知，绿色植物有赖于叶绿素进行光合作用，而叶绿素中就含有氮素。试验证明，叶绿素的含量往往直接影响光合作用的效果和光合产物的形成。缺氮时，植物体内叶绿素含量下降，叶片黄化，光合作用强度减弱，光合产物锐减，从而使作物产量明显降低。

4.许多酶的组分

酶是体内代谢作用的生物催化剂，而酶本身就是蛋白质。植物体内许多生物化学反应的方向和速度均由酶系统所控制。一般来说，代谢过程中的每一个生物化学反应都必须有一个相应的酶参加。缺少相应的酶，代谢作用就不能进行。可以说，供氮状况直接关系到作物体内各种物质的合成与转化。

5.维生素、生物碱和细胞色素的组分

氮素也存在于一些维生素、生物碱和细胞色素之中，含氮的维生素有维生素 B_1、B_2、B_3 和 B_6 等；含氮的生物碱有烟碱、茶碱和胆碱等；含氮的植物激素有细胞分裂素和玉米素等。这些含氮化合物在植物体内含量虽不多，但对调节某些生理过程却很重要。例如，细胞分裂素可促进植株发生侧芽和增加禾本科作物的分蘖，并能调节胚乳细胞的形成，有明显增加粒重的作用。此外，细胞分裂素还可以延缓和防止植物器官衰老，延长蔬菜和水果的保鲜期。

（三）磷的主要生理功能

磷对植物的重要性并不亚于氮。它是大分子物质结构的桥键物。通过磷酸酯搭桥把各种物质结构连接起来形成一系列重要的有机化合物。不仅如此，磷还积极参与植物体内的代谢作用，并具有提高植物抗逆性的能力。磷对植物的营养作用有三个重要方面。

1.磷是植物体内许多重要化合物的组成成分，如核酸、核蛋白、磷脂、植素、磷酸腺苷和很多酶中都含有磷。核酸是植物生长发育、繁殖和遗传变异中极为重要的物质，影响农作物细胞分裂、增殖和促进生长发育；磷脂与蛋白质一起构成生物膜及内膜系统，影响着细胞与外界物质、能量和信息的交换，从而调节生命活动；植素是磷的贮藏形态，存在于种子中，当种子萌发时，为种子发芽和幼苗生长提供磷素营养；磷酸腺苷是能量的中转站，为植物体内物质运输、矿质吸收、合成作用提供能量。

2.植物体内的各种代谢作用都有磷参加，如光合作用、糖的运输、蛋白质的合成都离不开磷元素，对促进作物成熟起着重要的作用。

3.提高作物的抗逆性。在磷的影响下，作物细胞充水度和束缚水的能力提高，同时，磷能促进作物根系发育，使根系向下伸展吸收深层土壤水分，从而提高了植物的抗旱性；磷能提高植物体内可溶性糖的含量，使细胞原生质的冰点下降，提高了植物的抗寒能力；施磷肥能提高作物体内磷酸二氢钾和磷酸氢二钾的含量，提高细胞内部的缓冲性能，可提高作物的抗盐能力。综上所述，及时供给作物磷素营养，对提高作物产量是十分重要的。

（四）钾的主要生理功能

钾是高等植物普遍需要的一价金属阳离子。在植物体中钾以离子的形态存在，在体内移动性很强，具有大量积累在细胞质的溶质和液泡中的特点。正是钾的这一特点决定了它有多方面的营养作用。

1. 促进叶绿素的合成

实验证明，供钾充足时，莴苣、甜菜和菠菜叶片中的叶绿素含量均有提高。

2. 参与光合作用产物的运输

钾能促进光合作用产物向贮藏器官中运输，特别是对于没有光合作用功能的器官，它们的生长和养分的贮存，主要靠地上部所同化的产物向根或果实中运送。例如，马铃薯、萝卜、胡萝卜等以块茎、块根为收获物的蔬菜，在缺钾条件下，虽然地上部生长得很茂盛，但往往不能获得满意的产量。

3. 有利于蛋白质的合成

合成钾是多肽合成酶的活化剂，钾能促进蛋白质和谷胱甘肽的合成。供钾不足时，植物体内蛋白质的合成下降，可溶性氨基酸含量明显增加。当严重缺钾时，植物组织中原有的蛋白质有可能被分解，引起氮素代谢紊乱。钾还能增强根瘤菌的固氮能力，这除了与促进蛋白质合成有关外，与钾促进光合产物的运输也有密切关系。由于光合产物向根部运输，从而保证了根瘤菌对能量和碳素营养的需求。

4. 调节渗透作用

钾离子多在细胞质的溶胶和液泡中累积，使植物具有调节胶体存在状态和细胞吸水的能力。钾是细胞中构成渗透势的重要无机成分。细胞内钾离子浓度较高时，细胞的渗透势也随之增大，并促进细胞从外界吸收水分。从而又会引起压力势的变化，使细胞充水膨胀。对含水量很高的蔬菜来说，钾有特殊的作用。

此外，钾还能调节叶片气孔的运动，有利于植物经济用水。气孔张开和关闭可控制作物的蒸腾作用，减少水分的散失，尤其在干旱的条件下更有重要意义。

5. 增强抗逆性

钾不仅能提高植物的抗旱、抗寒、抗病、抗盐、抗倒伏的能力，还可提高抵御外界恶劣环境的忍耐力。因此，钾有"抗逆元素"之称。

6. 改善作物品质

钾可改善作物品质，不仅表现在提高产品的营养成分，也表现在能延长产品的贮存期，以及降低在运输过程中的损耗。钾能使作物有更好的外观，汁液含糖量和酸度都有所改善，使产品风味更浓，全面提高产品的商品价值。作为肥料三要素的氮、磷、钾，是首先应该充分供应的养分。要发挥其他养分的作用，也需在氮、磷、钾充足的基础上才有可能。由此可见，合理施用氮、磷、钾肥是作物高产的关键，也是平衡施肥的基础。

（五）钙的主要生理功能

1. 稳定细胞壁

钙是植物细胞质膜的重要组成成分，可防止细胞液外渗；钙也是构成细胞壁不可缺少的物质。钙与果胶酸结合形成果胶酸钙，存在于细胞之间的细胞壁中，它使细胞联结，既能稳定细胞壁，又可使植物的器官和组织具有一定的机械强度。果胶酸钙的作用不仅表现在增强地上部细胞壁的稳定性，而且对根系的发育也有明显的促进作用。缺钙时，根系在几小时之内就会停止伸长。这是由于缺钙破坏了细胞之间的黏结力所致。

2. 保持细胞的完整性

钙能把生物膜表面的磷酸盐、磷酸酯与蛋白质的羧基桥接起来，从而保证了生物膜结构的稳定性，并能提高生物膜对离子（K^+、Na^+、Mg^{2+} 等）的选择性。钙对细胞的渗透调节作用也十分重要。在缺钙的条件下，一些低分子的溶质可从细胞中渗透出来，使细胞丧失选择吸收能力。膜结构受损及细胞内可溶物外渗，是缺钙植物抵御病菌侵袭能力大大降低的原因。许多实验都证明钙有抗病的作用。缺钙时，细胞中膜的分隔作用遭破坏，明显影响细胞的分裂和新细胞的形成，使细胞的内容物外渗，提高呼吸强度，增加乙烯的合成，从而加速组织衰老。

3. 酶促作用

钙是某些酶的活化剂，如能提高淀粉酶的活性；它还参与离子和其他物质的跨膜运输。此外，钙还有协调阴阳离子平衡和渗透调节作用。钙可与草酸结合形成草酸钙，有中和酸性和解毒的作用。

（六）镁的主要生理功能

1. 叶绿素的组分

镁是叶绿素的组成成分，缺镁时不仅植物合成叶绿素受阻，而且会导致叶绿素结构严重破坏。对于高等植物来说，没有镁就意味着没有叶绿素，也就不存在光合作用。

2. 稳定细胞的 pH

在细胞质代谢过程中，镁是中和有机酸、磷酸酯的磷酰基团以及核酸酸性时所必需。为了适合大多数酶促反应，要求细胞质和叶绿体中 pH 稳定在 7.5~8，镁和钾一样对稳定 pH 是有贡献的。

3. 酶的活化剂或构成元素

许多酶促反应中，Mg^{2+} 是酶的活化剂或者是某些酶的构成元素。由镁活化的酶类有几十种。在植物体内各项代谢和能量转化等重要生化反应中，都需要 Mg^{2+} 参加。镁是糖代谢过程中许多酶的活化剂。镁能促进磷酸盐在植物体内的运转。它参与脂肪的代谢和促进维生素 A 和维生素 C 的合成。

4. 参与蛋白质合成

镁是连接核糖体亚单位的元素，为蛋白质合成提供场所。缺镁时，蛋白质含量下降，非蛋白态氮的比例增加，从而抑制了蛋白质的合成。据报道，镁对核糖体有稳定作用。在蛋白质合成过程中，氨基酸的活化、多肽链的启动和延长都需要有 Mg^{2+} 参与。镁能激活谷氨酰胺合成酶，因此，镁对氮素代谢有重要作用。

（七）硫的主要生理功能

1. 参与蛋白质合成和代谢

硫也是生命物质的组成元素。植物体内有 3 种含硫的氨基酸（如蛋氨酸、胱氨酸、半胱氨酸），没有硫就没有含硫的氨基酸，作为生命基础物质的蛋白质也就不能合成。这表明硫和生命活动关系密切。缺硫时，蛋白质合成受阻。

2. 参与体内氧化还原反应

谷胱甘肽（GSH）是植物体内存在的一种极其重要的生物氧化剂，它是由谷氨酸、含硫的半胱氨酸和甘氨酸组成的。它在植物呼吸作用中起重要作用。缺硫时，谷胱甘肽难以合成，导致正常的氧化还原反应受阻，有机酸形成减少，进而影响蛋白质的合成。

此外，还有许多含硫有机化合物在植物代谢中具有重要作用。例如，脂肪酶、脲酶都是含硫的酶；辅酶 A 的分子结构中也含有硫。铁氧还蛋白和硫氧还蛋白则是豆科作物固氮所必需。

3. 影响叶绿素形成

硫虽然不是叶绿素的组成成分，但缺硫往往使叶片中的叶绿素含量降低，叶色淡绿，严重时变为黄白色。

硫还是许多挥发性化合物的结构成分，这些成分使葱头、大蒜、大葱和芥菜等蔬菜具有特殊的气味。因此，种植这类蔬菜时，适当施用含硫肥料对改善其品质是非常重要的。

（八）铁的主要生理功能

1. 叶绿素合成

尽管铁不是叶绿素的组成成分，但合成叶绿素时需要铁。缺铁时，叶绿体结构被破坏，从而导致叶绿素不能合成。植物缺铁常出现失绿症，症状首先表现在幼叶上。因为铁在体内流动性很小，老叶中的铁很难再转移到新生组织中去，所以一旦缺铁就会在新生的幼叶上出现失绿症，而植株的下部老叶仍能保持绿色。

2. 参与植物体内的氧化还原反应

无机铁盐的氧化还原能力并不强，但是当铁与某些有机物结合形成铁血红素或进一步合成铁血红蛋白，它们的氧化还原能力就能提高千倍、万倍。例如，在固氮酶中含有钼铁蛋白，它是豆科作物固氮时所必需，缺铁时，豆科作物就不能固氮。

3. 促进植物细胞的呼吸作用

铁是某些与呼吸作用有关酶的组成成分。例如，细胞色素氧化酶、过氧化氢酶、过氧化物酶等都含有铁。

此外，铁是磷酸蔗糖合成酶最好的活化剂。缺铁会导致体内蔗糖形成减少。

（九）硼的主要生理功能

硼与铁、锰、锌、铜等其他元素的作用不同，硼在营养生理作用中不是酶的组成成分，至今未发现含硼的酶；它不能通过与酶或与其他有机物的螯合作用而发生反应；它没有化合价的变化，不传递电子；也没有氧化还原的能力。硼对作物具有某些特殊的营养作用。硼酸盐很像磷酸盐，能和糖、醇以及有机酸中的 OH^- 反应形成硼酸酯。

1. 参与碳水化合物的运输和代谢

硼的重要营养功能之一是促进碳水化合物运输。供硼充足时，糖在体内运输就顺利；供硼不足时，则会有大量糖类化合物在叶片中积累，使叶片变厚、变脆，甚至畸形。糖运输受阻会造成分生组织中糖分明显不足，致使新生组织形成受阻，往往表现为植株顶部生长停滞，甚至生长点死亡。

2. 促进生殖器官的形成和发育

人们很早就发现，作物的生殖器官，尤其是花的柱头和子房中硼的含量很高。试验证明，所有缺硼的高等植物，其生殖器官均发育不良，影响受精作用。硼能促进作物花粉的萌发和花粉管伸长。缺硼还会影响种子的形成和成熟，如甘蓝型油菜出现的"花而不实"，就是由于缺硼引起的。

3. 调节体内氧化系统

硼对由多酚氧化酶所活化的氧化系统有一定的调节作用。缺硼时氧化系统失调，多酚氧化酶活性提高。当酚氧化成醌以后，产生黑色的醌类聚合物而使作物出现病症，如甜菜的"腐心病"和萝卜的"褐腐病"等都是醌类聚合物积累所致。缺硼时对原生质膜透性以及与膜结合的酶有损害作用。由此可见，硼对植物具有保护功能。

4. 提高根瘤菌的固氮能力

硼具有改善碳水化合物运输的功能，能为根瘤菌提供更多的能源和碳水化合物。缺硼时根部维管束发育不良，影响碳水化合物向根部运输，从而使根瘤菌得不到充足的碳源，最终导致根瘤菌固氮能力下降。

5. 促进细胞伸长和分裂

缺硼最明显的反应之一是主根和侧根的伸长受抑制，甚至停止生长，使根系呈短粗丛枝状。缺硼时细胞分裂素合成受阻，而生长素（IAA）却大量累积，最终致使植物细胞坏死而出现枯斑或坏死组织。研究证明，硼不仅是细胞伸长所必需，同时也是细胞分裂所必需。

此外，硼还能促进核酸和蛋白质的合成，生长素的运转以及提高作物抗旱能力。

（十）锰的主要生理功能

1. 直接参与光合作用

在光合作用中，锰参与水的光解和电子传递作用。缺锰时叶绿体仅能产生少量的氧，因而光合磷酸化作用受阻，糖和纤维素也随之减少。许多资料表明，叶绿体含锰量较高，它能稳定维持叶绿体的结构。缺锰时膜结构遭破坏而导致叶绿体解体，叶绿素含量下降，如甜菜缺锰可使叶绿体的数目、体积和叶绿素浓度都明显减少，许多缺锰的植物，在出现缺锰症状前，叶绿体的结构就已经明显受损伤。由此可见，在所有细胞器中，叶绿体对缺锰最为敏感。

2. 许多酶的活化剂

锰在作物代谢过程中的作用是多方面的，如直接参与光合作用，促进氮素代谢，调节植物体内氧化还原状况等，而这些作用往往是通过锰对酶活性的影响来实现的。锰能提高植株的呼吸强度，增加 CO_2 的同化量。锰还能促进碳水化合物的水解作用。

缺锰时硝酸还原酶活性下降，植物体内硝态氮的还原作用受阻，从而导致体内硝酸盐积累、蛋白质合成受阻。

现已发现，各种植物体内都有含锰的超氧化物歧化酶。它具有保护光合系统免遭活性氧的毒害以及稳定叶绿素的功能。

锰在吲哚乙酸（IAA）氧化反应中能提高吲哚乙酸氧化酶的活性，有助于过多的生长素及时降解，以保证植物能正常生长和发育。

3. 促进种子萌发和幼苗生长

锰能促进种子萌发和幼苗早期生长。锰不仅对胚芽鞘的伸长有刺激作用，而且能加速种子内淀粉和蛋白质的水解，从而保证幼苗能及时获得养料。

锰对植物还有许多良好的作用，如促进维生素 C 的形成以及增强茎的机械组织等。

（十一）锌的主要生理功能

1. 某些酶的组分或活化剂

锌是许多酶的组成成分。例如，乙醇脱氢酶、铜锌超氧化物歧化酶、碳酸酐酶和 RNA 聚合酶都含有结合态锌。锌也是许多酶的活化剂，在糖酵解过程中，锌是磷酸甘油醛脱氢酶、乙醇脱氢酶和乳酸脱氢酶的活化剂，这表明锌参与呼吸作用及多种物质的代谢。缺锌还会降低植物体内硝酸还原酶和蛋白酶的活性。总之，锌通过酶对植物碳、氮代谢产生相当广泛的影响。

2. 参与生长素的合成

缺锌时，作物体内吲哚乙酸合成锐减，尤其是在芽和茎中的含量明显减少，导致作物生长发育出现停滞状态，其典型表现是叶片变小，节间缩短等，通常把这种生理病害称为"小叶病"和"簇叶病"。

3. 促进光合作用

在植物中首先发现含锌的酶是碳酸酐酶。它可催化光合作用过程中 CO_2 的水合作用。缺锌时作物光合作用的强度大大降低，这不仅与叶绿素含量减少有关，而且也与 CO_2 的水合反应受阻有关。

4. 参与蛋白质合成

在 RNA 聚合酶的组分中就含有锌，它是蛋白质合成所必需的酶。植物缺锌的一个明显特征是植物体内 RNA 聚合酶的活性提高。缺锌时植物体内蛋白质含量降低是 RNA 聚合酶降解速率加快引起的。

此外，锌不仅是核糖核蛋白体的组成成分，而且也是保持核糖核蛋白体结构完整性所必需。对裸藻属细胞的研究表明，在缺锌的条件下，核糖核蛋白体解体；恢复供锌后，核糖核蛋白体又可重建。

在几种微量元素中，锌是影响蛋白质合成最为突出的元素。锌是蛋白质合成时一些酶的组分，如 RNA 聚合酶、谷氨酸脱氢酶等。最近几年又发现了另外一些对氮素代谢有影响的含锌酶，如蛋白酶和肽酶等。所以，缺锌总是和蛋白质合成紧密相连。

5. 影响生殖器官的形成和发育

锌对生殖器官发育和种子受精都有影响。缺锌的豌豆不能形成种子。有试验表明，三叶草增施锌肥，产草量是原来的 2 倍，而种子的产量大幅增加。由此可见，锌对生殖器官的形成和发育具有重要作用。

（十二）铜的主要生理功能

1. 参与体内氧化还原反应

铜以酶的方式积极参与植物体内的氧化还原反应，并对植物的呼吸作用有明显影响。铜还能提高硝酸还原酶的活性。在催化脂肪酸的去饱和作用和羧化作用中，铜也有贡献。铜在上述氧化反应中起传递电子的作用。

2. 构成铜蛋白并参与光合作用

铜在叶绿体中含量较高。缺铜时很少见到叶绿体结构遭破坏，但淀粉含量明显减少，这说明光合作用受到抑制。铜与色素可形成络合物，对叶绿素和其他色素有稳定作用，特别是在不良环境中能明显增加色素的稳定性。

3. 超氧化物歧化酶（SOD）的组成成分

铜与锌共同存在于植物体内超氧化物歧化酶之中。这种酶（Cu-Zn-SOD）是所有好氧有机体所必需的。生物体中的氧分子能产生超氧自由基，它能使生物体的代谢作用发生紊乱，导致植物中毒。含铜和锌的超氧化物歧化酶却具有催化超氧自由基歧化的作用，以保护叶绿体免遭超氧自由基的伤害。缺铜时，植株中超氧化物歧化酶的活性降低。

超氧自由基是叶绿素光反应还原产物还原氧时所产生的。现已证实，厌氧有机体之所以不能在有氧条件下生存，其原因就在于体内缺少超氧化物歧化酶。

4. 参与氮素代谢和生物固氮作用

在复杂的蛋白质形成过程中，铜对氨基酸活化及蛋白质合成有促进作用。缺铜时常出现蛋白质合成受阻，可溶性铵态氮和天冬酰胺积累。因为，铜能使核糖核酸酶的活性下降，从而对核糖体有保护作用，进而促进蛋白质合成。

铜对共生固氮作用也有影响，它可能是共生固氮过程中某种酶的成分。

（十三）钼的主要生理功能

1. 参与氮素代谢

钼的营养作用突出表现在氮素代谢方面。它是酶的金属组分，并会发生化合价的变化。在植物体中，钼是硝酸还原酶和固氮酶的成分，它们是氮素代谢过程中所不可缺少的酶。对于豆科作物，钼有特殊的作用。

作物吸收的硝态氮必须经过一系列的还原过程，转变成铵态氮以后才能用于合成氨基酸和蛋白质。在这一系列还原过程中，钼是硝酸还原酶辅基中的金属元素。钼在硝酸还原酶中与蛋白质部分结合，构成该酶不可缺少的一部分。缺钼时，植株内硝酸盐积累，体内氨基酸和蛋白质的数量明显减少。

钼的另一重要营养功能是参与根瘤菌的固氮作用，因为固氮酶中含有钼。固氮酶是由钼铁氧还蛋白和铁氧还蛋白两种蛋白组成的。这两种蛋白单独存在时都不能固氮，只有两者结合才具有固氮能力。钼不仅直接影响根瘤菌的活性，而且也影响根瘤的形成和发育。缺钼时豆科作物的根瘤不仅数量少，且发育不良，固氮能力也弱。

钼除了参与硝酸盐还原和固氮作用外，还参与氨基酸的合成与代谢。钼能阻止核酸降解，有利于蛋白质的合成。

2. 影响光合作用强度和维生素 C 的合成

缺钼时叶绿素含量减少，并会降低光合作用强度，还原糖的含量下降。钼是维持叶绿素的正常结构所必需。用失踪元素钼所做的试验表明，叶绿素的丧失往往和缺钼发生在相同的部位。

钼对维生素 C 的合成也有良好的作用。施钼能提高维生素 C 的含量，因钼参与了碳水化合物的代谢过程。

3. 参与生殖器官的形成

钼除了在豆科作物根瘤和叶片脉间组织积累外，也积累在生殖器官中。它在植物受精和胚胎发育中有特殊作用。许多植物缺钼时，花的数目减少。番茄缺钼表现出花特别小，而且丧失开放的能力。

（十四）氯的主要生理功能

氯是一种比较特殊的矿质营养元素，它普遍存在于自然界。在已知的 7 个必需的微量元素中，植物对 Cl^- 的需要量最多。例如，番茄的需氯量是钼的几千倍。许多植物体内氯的含量很高，含氯 10% 以上的植物并不少见。大多数作物的生长过程中虽无明显缺氯的症状，然而氯对许多植物却有良好的生长效应。实践证明，某些植物施用氯化钾，在产量上优于硫酸钾。

1. 参与光合作用

在光合作用中，氯作为锰的辅助者参与水的光解反应。缺氯的条件下，作物细胞的增殖速度降低，叶面积减少，生长量明显下降（大约 60%）。氯对水光解释放 O_2 反应的影响不是直接作用，氯可能是锰的配合基，对锰离子有稳定作用，从而使锰处于较高的氧化状态。

2. 调节气孔运动

氯对叶片气孔的张开和关闭有调节作用。由于氯在维持细胞膨压和调节气孔运动方面的明显作用，从而能增强植物的抗旱能力。缺氯时，葱头的气孔不能开关自如，而导致水分过多地损失。

3. 抑制病害发生

施用含氯肥料对抑制病害的发生有明显作用。据报道，目前至少有 10 种作物的 15 个品种，其叶、根的病害可通过增施含氯肥料，使其严重程度明显减轻，如马铃薯的"褐心病"等。

据研究，氯能抑制土壤中铵态氮进行硝化作用，迫使作物吸收铵态氮素。作物在吸收铵离子的同时，根系可释放出 H^+ 而使根际酸化。这对病菌滋生有抑制作用，从而能减轻病害的发生。

随着植物营养学科的发展，各种微量元素的营养功能日益被科学家们所揭示。但是，对微量元素的认识有不少还属于对现象的描述，其实质尚未全部被了解，这有待今后进一步的深入研究。

通过以上各种营养元素主要生理功能的介绍，我们应该认识到：尽管作物对各种营养元素的需要量有多有少，但它们在作物生长发育过程中却有各自的生理功能，它们所起的作用是同等重要的，正因为如此，它们之间又是不可代替的。这是作物平衡施肥中的一条重要原则。

第五章

作物营养失调症诊断

任何一种营养性生理病害发展到"症状"，实际已经到了严重影响生长发育的程度，对生理病害的诊断，应该有一定的预见性和相应的防范技术措施，典型症状的识别诊断是为以后的预防提供借鉴参考。同时也应该知道，症状的出现往往是多种因素共同作用的结果和表现形式，很多是以"复合症"的形式出现，往往一种主要症状掩盖了另一种次要症状的表现，掌握典型症状的特征、了解复合症状的特点是农业推广技术人员必备的基本素质。要具备这种基本素质，就要掌握一些主要养分与发生症状有关的生理作用知识，了解发生营养性生理病害的发生条件，发生发展的过程与典型症状的特征，同时也要掌握各种营养元素失调症之间的区别、生理失调与病理病害的区别。以下按每种养分缺乏与过剩的典型症状、可能引起发生的条件、必要的预防和防治措施这样的次序，简要介绍各种养分的失调诊断问题。

第一节 作物营养失调症诊断

一、作物营养元素失调发生的原因

营养失调症包括元素缺乏和过剩两个方面，生产上出现以元素缺乏为多，其发生原因主要有土壤、气候和作物本身三大方面。

（一）土壤的自然肥力

1. 土壤本身养分缺乏

作物必需营养元素中除碳、氢、氧来源于空气和水，其他都从土壤中吸取，故土壤养分的含量以及影响养分有效性的各种因素都支配着缺素症的发生。土壤本身的养分缺乏是引起缺素症的主要原因。当土壤中某种养分含量低到某一底限时，作物就吸收不到正常生育所必需的数量，缺素症自然发生。

2. 土壤反应（pH）不适

土壤 pH 强烈影响土壤养分的有效性，有些养分在酸性（pH<6.5）条件下有效性高，近中性（pH6.5～7.5）到碱性（pH>7.5）条件下有效性降低。另一些养分元素与此相反。微量元素铁、锰、铜、锌、硼的有效性随 pH 下降而提高，pH 上升时则下降，一般在 pH>6.5 时有效性很低。钼相反，有效性随 pH 的提高而提高。大量元素（N、K、Ca、Mg、S）对 pH 的变化反应比较迟钝；但磷例外，其适宜范围是 pH6.5～7.5，pH<6.5 与土壤中铁、铝结合成磷酸铁、磷酸铝而被固定，pH 越低，铁、铝溶解度越大，固定的量也越多；pH>7.5 时则与土壤中的钙结合成磷酸钙盐，有效性也下降。不过由于磷酸钙盐比磷酸铁、铝的溶解度要大。所以，在偏碱性土壤中磷的有效性比酸性土壤高。

3. 土壤养分元素不平衡

作物正常代谢要求各种养分元素含量保持相对平衡，不平衡则导致代谢紊乱，出现生理障碍。土壤中一种元素过量常抑制植物另一种元素吸收、转运，这就是元素间的拮抗现象。这种现象在营养元素间相当普遍。当这种拮抗作用比较强烈时，就会导致缺素症的出现。常见的拮抗现象有磷→锌、铁→磷、钾→镁、铵→钾、钙→硼、钙→铁、钙→锰、铁→锰等。

4. 土壤理化性质不良

通常一些有高位硬盘层、漂白层的土壤，山丘岗背母岩浅露，平整土地时表土移出，结构恶劣，养分贫乏的底土上升，地势低洼容易积水的土壤，各种缺素症发生的机会就比较多。对于水稻来说，强还原条件，既抑制根系的呼吸，又降低某些养分的有效性，是诱发缺素症（如缺锌、钾）的重要条件。

（二）气候的障碍因素

不良气候条件是诱发缺素症的重要因素。气温、降水、日照等对缺素症的发生及其程度有着显著影响，尤其是气温和降水。

1. 气温的影响

主要是低温。低温一方面削弱作物对养分的吸收能力，另一方面减缓土壤养分的有效化。例如，水稻在气温 0℃时吸收的磷是 16℃时的 50% 左右；水田土壤有效锌在夏秋季节成倍高于冬春季节。所以，通常寒冷的春天，作物缺素症多发，如早稻、玉米的缺磷、缺锌症等。

2. 降水量的影响

降水的多少，通过土壤过干、过湿影响土壤中养分的释放、固定和淋失，持续干旱能明显促发作物的缺素症。水作为养分的溶剂，缺乏时使养分溶出速度下降。作物缺硼、缺钙受干旱影响显著。同样，长期阴雨也使缺素症的发生增加，土壤渍水过湿，抑制根系呼吸，对一些元素如钾的吸收显著减少。在石灰性土壤中，过湿则使 HCO_3^- 浓度增加，降低铁的活性而引起缺铁症。

3. 光照的影响

光照通常与降水的多少相伴，以高温晴旱或低温阴雨对缺素症的发生给予影响，有的缺素症与光照条件直接有关，如缺锌，强烈光照加重症状。原因是缺锌时作物合成生长素减少，在强光多照下，作物对生长素的需要量增多，使锌的供需矛盾加剧。

（三）作物的敏感性

1. 作物种类间的差异

作物种类不同，营养特性有区别，对某些营养元素的喜好及其数量要求差异非常大。不同作物对硼缺乏的反应不同，如对结球白菜缺乏的含硼量对油菜却正常；对油菜缺乏的含硼量，对啤酒大麦却正常；对啤酒大麦缺乏的含硼量，对水稻却正常。此种差异一般基于作物生理需要的不同，通常以需要量大的易感不足。这种差异在同种作物不同品种中也普遍存在，如晚熟品种较早熟品种易发缺素症。

2. 生育时期的差异

作物元素缺乏症的出现常与生育期有密切的关系。例如，一般作物苗期对磷敏感，缺磷症易在苗期发生；对硼的需求则以生殖生长期最为迫切，故缺硼症大多在开花结实期以花而不实或穗而不实形式表现出来；对镁的需求一般因种实器官发育而剧增，所以镁缺乏常在种子、果实开始形成之际发生。

作物元素缺乏症的另一方面是元素过剩症。土壤中某些元素过剩的原因很多，如由于矿场、工厂排放的"三废"污染，常见元素有铬、镉、镍、汞、铅、锌、锰、铜、钼、砷、硼等；二是不适当地施用农药肥料，如长期或大剂量施用，如铜、砷、硼等；三是土壤 pH 过低，酸性强，使元素溶解度剧增，如铝、锰、铁等；也有土壤母质带来的某种元素含量过高。

二、作物营养诊断的方法

（一）形态诊断

作物外表形态的变化是内在生理代谢异常的反映，作物处于营养元素失调时，与某元素有关的代谢受到干扰而紊乱，生育进程不正常，就会出现异常的形态症状。所以根据形态症状及其出现部位可以推断缺乏哪种元素。形态诊断的最大优点是不需要任何仪器设备，简单方便，对于一些常见的有典型或特异症状的失调症，常常可以一望而知。但形态诊断有它的缺点和局限性，一是凭视觉判断，漏诊、误诊可能性大，遇疑似症、重叠缺乏症等难以解决。二是经验型的，实践经验起着重要作用，只有长期从事这方面工作，具有丰富经验的工作者才可能应付自如。三是形态诊断是出现症状之后的诊断，此时作物生育已显著受损，产量损失已经铸成，因此，对当季作物往往价值不高。

（二）植株化学诊断

作物营养失调时，体内某些元素含量必然失常，将作物体内元素含量与参比标准比较，做出丰缺判断，是诊断的基本手段之一。植株成分分析可分全量分析和组织速测两类，前者测定作物体元素的含量，目前的分析技术可以测定全部植物必需元素以及可能涉及的元素，精度高，所得数据资料可靠，通常是诊断结论的基本依据。全量分析费工费时，一般只能在实验室里进行。组织速测测定作物体内未同化部分的养分，都利用呈色反应、目测分级，简易快速，一般适于田头诊断，因比较粗放，通常作为是否缺乏某种元素的大致判断，测试的范围目前局限于几种大量元素如氮、磷、钾等，微量元素因为含量极微，精度要求高，速测难以实现。

1. 叶片分析诊断

以叶片为样本分析各种养分含量，与参比标准比较进行丰缺判断，是植株化学诊断的一个分支，由于叶分析结果在指导果树施肥、实现预期产量、进行品质控制中取得较大的成功，受到广泛重视并发展成为果树营养诊断的一项专门技术。果树是多年生作物，叶片寿命较长，养分含量有一个较长的稳定期，且与植物营养状况以及产量有良好的相关性；植物养分临界值受地域影响很小，发现一种植物某一元素的缺乏或毒害水平在各地有一致性，其中微量元素尤其如此。例如，Mn 在许多植物中，叶片含量低于 30 毫克/千克时都会出现缺乏病。再者，根据叶分析诊断结果采取的补救措施在时间上也赶得上，当季能奏效。

2. 组织速测诊断

用速测方法测定植株新鲜组织的养分做丰缺判断，是一种半定量性质的分析测定，被测定的养分是尚未同化或已同化但仍游离的大分子养分，结果以目视比色判断。此法最大的特点是快速，通常可在几分钟或几十分钟内完成一个项目的测试。组织速测一般以供试组织碎片直接与提取剂、发色剂一起在试管内反应呈色；或者把组织液滴于比色板或试纸上与试剂作用呈色，后者所需试剂极少，又叫"点滴法"。

运用组织速测进行诊断，在技术上应注意：取样要选择对某元素反应敏感的部位，以最能反映缺乏状况（养分浓度最低）的为适宜部位；养分划分等级要少，一般分缺乏、正常、丰富三级足够，等级少，级差大，利于判断，组分无益；做点滴法测试所用样本少，重复次数要多，以减少误差；要注意相关元素的测定，如做缺磷作物的诊断，可同时测氮，因缺磷植株 N 的含量通常偏高，对结果判断有帮助；应把测定结果结合作物长相、形态症状、土壤条件、栽培施肥等因素做综合分析。

（三）土壤化学诊断

测定土壤养分含量，与参比标准比较进行丰缺判断。作物需要的矿质养分基本上都是从土壤中吸取的，产量高低的基础是土壤的养分供应能力，所以土壤化学诊断一直是指导施肥实践的重要手段。根据土壤养分含量与作物产量关系划分养分等级，通常分三级，以高、中、低表示，高——施肥不增产；中——不施肥可能减产，但幅度不超过 20%~25%；低——不施肥显著减产，减产幅度大于 25%。土壤养分临界值与植株养分临界值不同之处是后者极少受地域、土壤的影响，而土壤临界值则受土壤 pH、质地等的显著影响，如作物从黏土吸收养分比从砂土中要难，前者的临界值高。

土壤化学诊断与植物化学诊断比较各有长处和缺点。对耕作土壤进行分析，一是有预测意义，在播种前测定可以预估缺什么，从而可及早防范；二是作为追究作物营养障碍的原因，探明是土壤养分不足，或者某种元素过多而抑制作物正常生长，以及是否存在元素间的拮抗作用等。而这些都是植株分析所无法实现的。所以植株分析和土壤分析在一般诊断中都是结合进行，互为补充，相互印证，以提高诊断的准确性。

（四）施肥诊断

施肥诊断是对作物施用拟试的某种元素，直接观察作物对被怀疑元素的反应，结果可靠。

1. 根外施肥诊断

将拟试元素肥料以根外施肥即叶面喷洒、涂布、叶脉浸渍注射等供给作物。此法在果树微量元素缺乏的诊断上应用较多，有易吸收、见效快、用量少、经济省事等优点。同时，供试液不与土壤接触，避免土壤干扰，对易被土壤吸收固定的元素如铁、锰、锌等元素尤为适宜。

2. 土壤施肥诊断

将拟试元素施于作物根部，以不施肥做对照，观察作物反应做出判断，除易被土壤固定而不易见效的元素如铁之外，大部分元素都适用。如为探测土壤可能缺乏某种或几种元素，可采用抽减试验法：根据需要检测的元素，在施完全肥料（N、P、K 拟试元素肥料）处理基础上，设置不加（即抽减）待测元素的处理，同时检测几种元素时则设置相应数量的处理。再外加一个不施任何肥料的空白处理，其试验处理数是 N（需要检测元素数）+2，结果以不施某元素处理与施全量肥料处理比较，减产达显著水准，表明缺乏，减产程度可说明缺乏的程度。

（五）叶色诊断

模拟叶色浓淡制成系列色级卡片，用以判断氮营养的丰缺。在绿色叶子中，所含色素主要是三类：叶绿素，主控绿色；胡萝卜素，主控黄色；黄酮类色素——花色苷，主控紫红色。叶色的绿、黄变化取决于叶绿素与胡萝卜素的比例，通常成熟绿色叶子两者比例为 8∶1，如叶绿素含量降低到正常的 50% 以下时，叶片开始发黄。叶绿素含量与氮含量通常呈正比关系，叶色浓淡和黄绿变化可反映叶片含氮水平。考虑到水稻叶片的光学特性，做成与水稻叶片表面结构相仿的细条瓦楞状卡片，其质感和色调非常接近水稻叶片，且具较大色卡面积，便于观察。观察时立卡片于田间，位于顶叶叶层中部，观察者离卡 3 米，背对太阳，3 个人分别观察，取平均值，使比色准确度有很大的提高。水稻叶色诊断通常以保证水稻整个生育期间能接近理想含氮率为目标，为达到这一目标，首先要制定高产水稻的标准叶色变化曲线，定出不同生育期的适宜叶色等级以作为诊断施氮的依据。

另外，叶色黄、绿和浓淡差异对不同波长的光波反射率不同，如水稻氮素营养不良，叶色偏于黄绿的在可见光波段（400～700 纳米）反射率高，而在近红外波段（800～1200 纳米）则低，氮素营养良好、绿色较浓的相反，用波长反射率测定叶色光波反射特性可以判断氮素营养丰缺，这是遥感测知作物营养状况的基础。

（六）酶学诊断

许多植物必需元素是酶的组成成分和活化剂，当缺乏某种元素时，与该元素有关的酶活性或数量就发生变化。酶学诊断最有价值的一点在于它能提早诊断时期。由于酶是元素缺乏的最早反应物，如水稻缺锌时，播后 15 天，在不同处理叶片含锌量只有极微量差异的情况下，核糖核酸酶活性差异已达统计学极显著水平，而叶片含锌量差异达到显著水准时要在播种后 30 天即推迟了 15 天。其次，酶促反应灵敏度高，对有些元素如 Mo，因作物体内含量甚微，常规方法测定比较麻烦，酶测定法不直接测 Mo 可以避开这种麻烦。再者，酶促反应与元素含量相关性良好，所以酶学诊断是一种有发展前途的诊断法。

第二节 作物营养失调的营养诊断与防治

一、作物氮素失调的诊断与防治

（一）氮素失调症状

1. 缺氮症

作物缺氮在各个生长发育阶段都能出现，在哈尔滨地区大田作物以拔节前比较常见。缺氮症状一般从老叶开始逐渐扩展到上部叶片，表现为全株叶色褪淡、黄化，老叶早衰且易脱落，生长缓慢，个体矮小，分枝、分蘖少，茎叶有时出现红色或紫红色，根系细长而多，但总根量减少，果实籽粒不饱满，早衰。

水稻：植株矮小，分蘖少，叶片小，叶色呈黄绿色。首先，下部老叶从叶尖开始至中脉最后扩展到全部叶片发黄，然后逐渐向上扩展，全株呈淡绿或黄绿色。纤维素相对较多，植株刚挺，抗病力增强。结穗短小，提早成熟。

小麦：叶片稀而小，叶色黄绿，植株细长，叶直立，似马耳，分蘖少，有些品种茎秆出现紫红色。穗短小，不实率高。

玉米：玉米需要大量的氮素，如果缺乏，玉米植株生长发育就受到严重的影响。苗期缺氮植株生长缓慢，株型细瘦，叶呈黄绿色，抽雄迟。旺盛生长期缺氮，叶片呈淡绿色，老叶从叶尖沿着中脉向叶片基部枯黄，枯黄部分呈"V"形，叶缘仍保持绿色而卷曲，最后全部干枯，果穗小，产量低。

谷子：谷子缺氮植株矮小，叶窄而薄，叶色发黄。穗发育不良，早衰，穗小粒少，秕粒多，产量低。

大豆：大豆生长前期缺氮，植株矮小，分枝少，根瘤固氮能力下降，下部叶片呈淡绿色，并逐渐变黄而干枯。有时叶面出现青铜色斑纹。严重缺氮时，植株停止生长，叶片逐渐脱落。生育后期缺氮，大豆秕荚增多，籽粒蛋白质含量下降。

甜菜：甜菜一生吸收氮素较多，如果供应不足，生长就受到抑制。表现为叶片形成迟缓，叶片数量显著减少，叶片狭而薄、小而黄。老叶先由淡绿变为黄绿色，继而全株呈黄绿色，老叶枯死。块根变小，发育不良，并略带红色。

马铃薯：幼苗生长缓慢，苗色淡绿不新鲜。中下部小叶边缘退绿呈淡黄色，向上卷曲，提早脱落。植株矮小，茎细小，分枝少，生长直立，块茎品质差。

烟草：烟草缺氮生长迟缓、植株矮小，幼叶叶色淡绿，中下部叶片变成柠檬黄或橙黄色，并逐渐干枯脱落，余下的叶片向上竖立，与茎形成的夹角小。调制后叶片薄而轻，产量低，品质差。

油菜：油菜缺氮植株矮小瘦弱，分枝少，叶片小而苍老，叶色从幼叶至老叶依次均匀失绿，由淡绿到淡绿带黄以至最后呈淡红带黄。

大白菜：大白菜缺氮生长缓慢，植株矮小，叶片小而薄，叶色发黄，茎部细长，包心期缺氮，叶球不充实，叶片纤维增加，品质降低。

番茄：番茄缺氮植株瘦弱，叶色呈淡绿或黄色，叶小而薄，叶脉由黄绿色变为深紫色，茎秆变硬并呈深紫色，花蕾变为黄色，易脱落，果小而少。

黄瓜：黄瓜缺氮植株矮小，叶呈黄绿色。严重时叶呈浅黄色，全株呈黄白色，茎细而脆。果实细短，呈亮黄色或灰绿色，多刺。果蒂呈浅黄色或果实呈畸形。

洋葱：洋葱缺氮叶少而窄小，叶色浅绿，叶尖呈牛皮色，逐渐地，全叶呈牛皮色。

2.氮素过剩症

作物氮素过多，作物枝叶生长旺盛，营养生长过旺，茎秆细弱，纤维素、木质素减少，易倒伏，组织柔嫩，抗病虫能力下降，后期贪青晚熟，产量和品质下降。同时伴随钙缺乏等营养的缺乏。

（二）发生条件

1.土壤肥力条件

发生氮素失调与土壤的质地、土壤养分含量和土壤的供肥能力有关，一般情况下，黏重的土壤作物生长前期冷凉黏重，土壤供氮能力低，容易出现前期缺氮。后期温度、水分条件好时供氮能力大幅度提高，又容易出现氮素过剩，植株过于繁茂、贪青晚熟。质地轻的土壤供氮能力虽然很高，但是，往往土壤养分含量低，低温和干旱条件下容易引起氮素缺乏；土壤里各种养分的含量和平衡也影响土壤氮素和氮肥的利用效率，土壤氮素含量过高，其他养分比如磷、钾含量过低，可能加剧氮素过剩症状的表现和危害。各种养分含量平衡有助于减轻危害。

2. 施肥不当引起氮素失调

这种情况普遍发生，原因在于追求植株高大繁茂的长相，主要有三种情况促成失调症状的发生。第一种情况为施肥量过少或施肥方法不当造成缺氮症，在稳定的栽培模式和稳定的施肥方法条件下，每种作物达到一定的产量需要相应的施肥量才能保证。如果肥料用量不足，在土壤养分含量低或者供肥能力低的土壤上会出现缺氮症，以土壤养分贫瘠的坡岗地比较常见。有些时候，虽然根据地力使用了足量的氮肥，但因为底肥的部位、追肥的深度、追肥的时间不当，也能引起缺肥症状，这种情况比较常见。第二种情况是氮肥用量过多。氮肥过剩的情况现在十分普遍，2005 年黑龙江省水稻和玉米出现的大面积倒伏和水稻稻瘟病的发生、流行就与施氮过量、追肥时间偏晚、一次性追肥用量过大有直接的关系。正常情况下，氮肥用量在稳定的栽培模式下有最高施肥量的限度，这个用量限度不是以丰、歉年为标准，取决于当地常年产量和供肥能力，超过了最高限度对于生产来说是不安全的。第三种情况是施肥的养分配比问题。土壤的氮、磷、钾及微量元素养分供肥量之间与适宜的氮、磷、钾及微量元素肥料施肥量之间有对应关系，如果其中的肥料养分比例过高，影响另一种肥料的效应，钾肥比例过高会激发氮素的摄取吸收，生产上表现为氮过剩。

3. 不利气象因素引起氮素失调

作物对氮素有主动吸收的能力，因此影响氮素吸收的主要气象因素是水分，其次才是温度和光照。干旱的年份土壤含水量低，降低了作物对氮素的吸收能力，经常出现缺氮症，丰水年份则容易出现氮素过剩。

（三）诊断

1. 形态诊断

作物缺氮症状如上。以叶黄、植株短小为其特征，通常容易判断。但单凭形态判断，难免误诊，仍需结合植株、土壤的化学诊断判断。

2. 植株诊断

植株的全氮量与作物生长及产量有较高的相关性，各种作物缺氮的临界范围：水稻（分蘖期叶片）为全 2.4% ~ 2.8%；大小麦、燕麦（抽穗期地上部）为 1.25% ~ 1.50%；玉米（抽雄期果穗节叶片）为 2.9% ~ 3.0%；棉花（蕾期功能叶）与高粱（开花期自上而下第三叶）为 2.5% ~ 3.0%；果树（叶片）为 2.0% ~ 3.8%。生产上为争取时间应尽快做出判断，在田头诊断时采用组织化学速测法：①旱作用硝酸试粉法，作物组织中的 NO_3^- 参与试粉作用，产生红色偶氮物质，根据红色深浅判断氮状况。②水稻用碘—淀粉法，水稻进入幼穗分化期，叶鞘淀粉积累程度与氮高低呈负相关。采叶鞘，用碘液使叶鞘染色（蓝色），以染色长度（A）与叶鞘总长度（B）之比（A/B）值进行判断。此法限于决定后期穗肥的需要与否。

（四）氮素失调的预防

1. 氮素失调以预防为主

氮素是农作物生长发育的重要控制因子，出现失调症状已经严重地影响了作物的生长发育，对产量和品质的影响极大，因此，控制氮素失调的最佳方法是预防。预防主要看当地可能引起氮素失调发生的条件，比如土壤质地、土壤速效性养分的含量及其供肥性能、耕地的耕作状况、施肥的方法等，根据诱因采取相应的防范技术措施。假如当地耕层过浅，施肥量偏大经常引起的氮素失调，除了加深耕层厚度、打破犁底层的措施以外，控制氮肥总施肥量，相应地减少底肥用量、增加追肥次数、增加追肥用量，实施生育期全程平稳供氮就可以保证施肥用量和产量，而不至于发生氮素失调。一般情况下，玉米施氮肥量控制在 120~150 千克/公顷，大豆控制在 38~53 千克/公顷，水稻控制在 90~150 千克/公顷比较适宜。

2. 推广平衡施肥技术是关键

平衡施肥是有依据地定量性计划施肥，对施肥量和施肥方法进行控制，有助于预防失调症的发生。对防止氮素失调而言，除了按施肥量和养分比例施肥外，对各种质地和不同耕层的耕地，施肥方法、施肥时间、追肥次数等使用上的细节是防止氮素失调的关键。通常，质地黏重冷凉的耕地应该采用能够保证苗期需要的氮肥量和施肥方法，控制底肥和追肥用量，控制到满足拔节需要为度。一般情况下，禾本科应该根据土壤养分含量和供肥能力控制底肥氮肥的使用量为总用量的 35% ~ 50%。水稻在分蘖前和拔节期分两次追肥，追肥量控制在总用氮量的 25% ~ 35%；玉米至少保证一次追肥，追肥量控制在总氮肥量的 30% ~ 35%。

3. 培肥耕地是防止失调的根本途径

肥沃的土壤对肥料有较高的吸附和利用能力，不容易出现失调的现象和症状。目前的耕地状态，土壤培肥主要解决耕层浅、犁底层厚硬和有机质含量低的问题。耕层过浅容易出现氮肥分散范围过小、施肥量高时施肥的局部氮素浓度过高的现象，干旱时影响根系发育，犁底层厚硬影响土壤水分运动，进而影响肥料扩散，有机质含量低时离子交换量和吸附量变小，容易形成氮肥的毒害作用。当受到耕层薄和有机质含量低限制时，土壤供氮能力、氮肥利用率都被不同程度限制，单产无法提高，增加施肥量，即使不出现过剩症状，短时间内因为氮素、钾素浓度过高，限制了微量元素养分的同比平衡摄取，也不会有好的肥效，实际这种无症状的生理过剩，才是目前氮肥使用中限制产量提高的最大隐患，而解决这些问题的根本办法就是培肥耕地，全面提高耕地质量。

二、作物磷素失调的诊断与预防

（一）磷素失调症状

1. 缺磷症

呈现为暗绿色或灰绿色，缺乏光泽。植株生长延缓，株型矮小，直立，分枝、分蘖减少，根系不发达。籽粒和果实发育不良。缺磷严重时，某些作物的茎或叶呈现红色或紫红色。生长发育推迟，开花结果少，籽粒不饱满，空秕率高，产量低。

水稻：水稻缺磷一般发生于苗期。插秧后新根发生慢，细而少，吸收养分能力降低，导致返青延迟，地上部生长缓慢；稻苗发僵紧束，分蘖少，叶形狭长直挺，不披散而呈"一炷香"状，叶色暗绿并带紫红色；老根变黄，穗小粒少，千粒重低。

小麦：小麦磷素不足，植株瘦小，分蘖少，叶色深绿略带紫色，叶鞘上紫色特别显著；症状从叶尖向茎部、从老叶向幼叶发展；抗寒力差。

玉米：幼苗期缺磷，生长很慢；三叶后，下部叶片便出现暗绿色，此后从叶边缘开始出现紫色，叶缘卷曲，茎基部呈紫色；严重缺磷时，叶边缘从叶尖开始变成褐色，生长更加缓慢；开花期缺磷，雄蕊花丝延迟抽出，受精不完全，果穗秃尖，弯曲畸形，行列不整齐，籽粒不饱满；后期缺磷，果穗成熟延迟。

谷子：谷子缺磷时，叶片呈紫红色条斑，根系发育差，生长缓慢，延迟成熟，穗小粒少秕粒多。

大豆：大豆缺磷叶色变深，呈浓绿或墨绿色，叶片尖窄直立，生长缓慢，植株矮小，根系不发达，开花后叶片呈现棕色斑点。严重缺磷时，茎出现紫色，籽粒小，根瘤小而且发育不良。

甜菜：缺磷时叶片暗绿，叶丛矮小，叶片细窄较直立，以后叶缘出现红色或红褐色枯斑，并逐渐扩大，直至枯落。

马铃薯：缺磷时植株细小，叶柄和小叶向上直立，叶片缩小，色暗绿；块茎易发生空心，薯肉锈斑，硬化煮不烂，产量低；食用和加工品质差，耐贮性变劣。

烟草：烟草缺磷植株生长缓慢，整个植株呈簇生状，叶片狭长，叶色暗绿，直立。老叶有坏死斑点，干枯后变为棕色。调制后的烟草叶色暗，无光泽。

甘薯：早期叶片背面出现紫红色，脉间先出现一些小斑点，随后扩展到整个叶片，叶脉及叶柄最后变成紫红色，茎细长，叶片小，后期出现卷叶。

油菜：植株瘦小，出叶迟，上部叶片暗绿色，基部叶片呈紫红色或暗紫色，有时叶片边缘出现紫色斑点或斑块，易受冻害。分枝小，延迟开花和成熟。

番茄：早期叶片背面出现紫红色，脉间先出现一些小斑点；随后扩展到整个叶片，叶脉及叶柄最后变成紫红色。茎细长，富有纤维，叶片小，后期出现卷叶，结实延迟。

黄瓜：植株矮小，严重时幼叶细小僵硬，并呈深绿色，子叶和老叶出现大块水渍状斑，并向幼叶蔓延，斑块逐渐变褐干枯，叶片凋萎脱落。

洋葱：缺磷多表现在生长后期，一般生长缓慢，老叶尖端干枯死亡，有时叶片表现出绿黄色同褐色相间的花斑。

2.磷素过剩症

磷过量植株叶片肥厚密集，叶色浓绿，植株矮小，节间过短，营养生长受抑制，生殖器官加速成熟，导致营养体小，地上部生长受抑制而根系非常发达，根量多而短粗。例如，黄瓜磷素过剩时雌花过多，结瓜过多过密，营养分散，个体生长不良，容易诱发化瓜。养分拮抗方面，土壤磷素过多，与土壤里的钙、镁等养分结合成磷酸氢钙，进一步形成磷酸多钙，不溶于水，造成钙、镁养分有效性降低，导致钙、镁"生理缺素"的发生等，露地菜田和次生盐渍化较重的土壤容易在干旱的季节出现这种情况。

（二）发生条件

1. 土壤条件

发生磷素失调的土壤有三种情况，第一种情况是土壤养分含量过高或过低。一般地，土壤速效磷含量高于 120 毫克 / 千克时，容易出现过剩的相关症状，土壤速效磷含量低于 25 毫克 / 千克时容易出现缺乏症状。第二种情况是土壤质地。砂质的轻壤和瘠薄耕地、质地特别冷凉黏重的洼地容易出现缺磷的症状。第三种情况是各种土壤速效养分含量的比例。在一种或几种养分含量过高或过低的情况下，其他养分的供肥能力都要受到不同程度的影响，其中氮素、钾素和钙素的含量对磷素的影响最大。如果氮素、钾素和钙素的含量过高、活性强，会诱发生理性缺磷；反之，容易诱发生理性磷过剩。

2. 气象因素

低温、干旱时缺磷的现象比较普遍，高温、雨水调和的环境一般不发生缺乏症。

3. 施肥用量和施肥方法

磷肥在土壤中移动性很小，大田旱作耕地在苗期低温干旱的情况下，适宜用穴施和条施等集中施用的方法，施肥部位应该在断乳前根系能够达到的地方。如果部位偏高、偏低或施肥过于分散，通常表现为苗期缺磷症；露地和大棚菜田连年大量使用鸡粪，磷、钾积累严重的地块，如果再大量使用磷肥做底肥或磷肥冲施肥，在土壤水分条件好的时候，表现为生理磷素过剩症状，阶段性干旱时多表现为诱发的相关症状，比如缺钙症等。

（三）诊断

1. 形态诊断

磷素失调是全株的症状，一般不出现斑点和斑块之类的症状，这是区别于除了氮素、硫素营养以外与钾素和中、微量元素失调的主要特征。

2. 植株分析诊断

植株全磷（P）含量与作物磷素营养有正相关，一般认为植株 P<0.15%~0.20% 为缺乏，0.20%~0.50% 为正常。但因作物种类、品种、生育阶段不同而有差异，

水稻（分蘖期叶片）<0.15% 为缺乏，0.15%~0.30% 为正常；棉花（苗期功能叶柄）<0.13% 为缺乏，0.14%~0.8% 为正常；玉米（抽雄时期，穗轴下第一叶）<0.10% 为严重缺乏，0.15%~0.24% 为轻度缺乏，0.25%~0.40% 为正常。田间诊断时，可结合形态症状做组织速测。作物中磷与钼酸铵作用生成磷钼杂多酸，以还原剂还原呈蓝色即磷钼蓝，根据蓝色深浅判断磷含量的高低。

3. 土壤诊断

土壤全磷含量一般不作为诊断依据，而以土壤有效磷为指标，因土壤类型不同而采用不同的浸提剂，在石灰性和中性土壤上普遍采用 0.5 摩尔 / 升 $NaHCO_3$ 提取，有效 P 小于 5 毫克 / 千克为缺乏，5~10 毫克 / 千克为中量，大于 10 毫克 / 千克为丰富；酸性土壤一般用 0.03 摩尔 / 升 NH_4F+0.025 摩尔 / 升 HCl 提取，有效 P 小于 3 毫克 / 千克为严重缺乏，3~7 毫克 / 千克为缺乏，7~20 毫克 / 千克为中量，大于 20 毫克 / 千克为丰富。

（四）磷素失调的防治

1. 对土壤养分缺乏、供肥能力低下而经常造成磷素缺乏的地块，在加深耕作深度的情况下，采用科学的施肥方法，适当增加磷肥用量。

2. 对因为施肥量过高、磷素积累的地块，需要采用深翻措施进行疏散，同时控制施肥用量。

3. 防止磷素失调的根本措施在于培肥地力，实施测土施肥技术。只有在培肥地力的基础上，才能有效地提高磷肥的当季利用率，增强施肥效果，遏制土壤磷素积累的不良局面。同样，只有采用测土施肥的"定性、定量、定施肥方法"的技术措施，才能做到"因土施肥"和农作物的平衡营养而不产生失调现象。

三、作物钾素失调的诊断与预防

（一）钾素失调症状

1. 缺钾症

作物缺钾时，一般表现为最初老叶叶尖及叶缘发黄，以后黄化部逐步向内伸展同时叶缘变褐、焦枯，似灼烧，叶片出现褐斑，病变部与正常部界限比较清楚，尤其是供氮丰富时，健康部分绿色深浓，病部赤褐焦枯，反差明显。严重时叶肉坏死、脱落。根系少而短，活力低，早衰。

水稻：缺钾时叶色暗绿，呈青铜色，老叶软弱下垂，心中挺直；分蘖期前易患胡麻叶斑病，分蘖期以后，老叶叶面有赤褐色斑点，叶缘呈枯焦状；茎易倒伏和折断，根部呈褐色并生有黑根；抽穗期提前，籽粒不饱满，空秕粒多，容易感染纹枯病等病害。

小麦：小麦初期缺钾的症状是全部叶片呈蓝绿色，叶质柔软，叶尖向下卷曲，下部叶片的叶尖及边缘褪绿变黄，逐渐呈棕色而枯萎。后期叶片呈烧焦的样子，茎秆细弱，弹性降低，常发生倒伏。

玉米：苗期缺钾生长缓慢，茎秆矮小，嫩叶呈黄色或黄褐色；植株节间缩短，叶片长，叶片与茎节的长度比例失调，老叶的叶尖和边缘出现黄色条纹然后逐渐干枯，顶端呈火烧状，而中脉附近仍为绿色，病症沿叶缘向基部伸展成"八"形；生育中后期，茎秆细弱，易倒伏，果穗发育不良或出现秃顶，籽粒小，产量低，壳厚淀粉少，品质差，籽粒成熟晚。

大豆：大豆缺钾老叶边缘变黄，逐渐皱缩向下卷曲，但叶片中部仍保持绿色，而使叶片残缺不全；根系发育不良，吸收能力下降；生育后期缺钾，上部小叶柄变棕褐色，叶片下垂而枯死；种子不饱满，种皮皱缩。

甜菜：甜菜缺钾时，老叶先变长而宽，叶缘卷曲下垂，叶尖和叶缘开始变为黄色，继而呈焦枯状，并逐渐蔓延至中部，叶面皱曲，叶柄不易折断，有的茎上发生棕色的斑纹和斑点，心中逐渐变黄凋萎；块根发育不良，品质差，且容易腐烂。

烟草：烟草缺钾烟叶粗糙，叶下垂，叶尖和叶缘处出现红铜色斑点，叶残破。

甘薯：老叶缺绿，叶脉边缘干枯，叶片向下翻卷，部分叶片早落。

马铃薯：生长缓慢，节间短，叶面积缩小，小叶排列紧密，与叶柄形成较小的夹角，叶面粗糙、皱缩并向下卷曲。早期叶片暗绿，以后变黄，再变成棕色，叶色变化由叶尖及边缘逐渐扩展到全叶，下部老叶干枯脱落，块茎内部带蓝色。

油菜：叶片的尖端和边缘开始黄化，沿脉间失绿。有褐色斑块或局部白色干枯。严重缺钾时，叶肉组织呈明显的灼烧状，叶缘出现焦枯，随之凋萎，有的茎秆表面呈现褐色条斑，病斑继续发展，使整个植株枯萎死亡。

大白菜：从下部叶缘变褐枯死，逐渐向内侧或上部叶片发展，下部叶片枯萎，抗软腐病及霜霉病的能力下降。

番茄：老叶叶缘卷曲；脉间失绿，有些失绿区出现边缘为褐色的小枯斑，以后老叶脱落，茎变粗，木质化，根细弱。果实着色不均匀，背部常绿色不褪，称"绿背病"。

黄瓜：植株矮化，节间短，叶片小。叶呈青铜色，叶缘渐变黄绿色，主脉下陷。后期脉间失绿严重，并向叶片中部扩展，随后叶片枯死。症状从植株基部向顶部发展，老叶受害最重。果实发育不良，易产生"大肚瓜"。

2. 钾过剩症

作物一般不会出现钾过剩症。但如大量施用，棉花叶片过于青绿，易贪青晚熟，棉铃脱落严重，棉花品质下降。

（二）发生条件

1. 土壤条件

大田作物主要发生的是缺钾症状，土壤速效钾含量低导致供肥能力下降是带有普遍性的重要原因。一般情况下，水土流失严重的坡岗"破皮黄"耕地和单产较高、长期钾肥用量不足的地块速效钾含量低、供肥不足。耕层浅、犁底层厚硬的一般耕地在不利的气象和不合理的栽培、施肥条件下也会出现缺钾现象；在菜田耕地，由于过量施肥和不合理施肥，土壤各种养分在高浓度水平上形成了平衡，这种平衡很不合理，也很不稳定。磷素的大量积累，继而是钾素含量的大幅度增高，氮素含量在当季的变化更加不稳定，养分物质的形态和含量变化幅度极大。土壤水分在灌溉前后的干湿交替过程中，养分拮抗作用很强，在气象因素的共同作用下，作物生理性缺钾症状和钾素过剩的相关症状交替出现。

2. 气象因素

低温、干旱限制作物对钾素的摄取能力，作物体内钾含量低于生理需要的正常水平时往往出现缺钾症，一般伴有其他营养性生理病症。

3. 施肥因素

大田缺钾主要是作物需要量大、土壤速效钾含量不足、遭遇低温干旱时供肥能力下降造成的，土壤速效钾含量低的原因一方面是土壤矿化速度低，另一方面是长期钾肥用量不足。一般情况下，维持土壤速效钾较高水平含量

的最低施肥量，在当前耕层厚度和有机质含量水平上要达到纯量 4.5 ~ 8.0
千克 / 亩，维持当前土壤含量水平也需要 3.0 ~ 4.5 千克 / 亩。目前钾肥施用
水平普遍低于最低施肥量水平，长期缺肥的结果还将造成土壤速效钾含量继
续快速下降。

（三）诊断

1. 形态诊断

外部症状如上。典型症状是下位叶叶尖黄化褐变。

2. 植株分析诊断

植株全钾量，可以判断作物的钾素营养状况，大多数作物叶片钾的缺乏
临界范围为 0.7%~1.5%，但因作物不同而有差异，水稻（抽穗期植株）为
0.8%~1.1%；玉米（抽穗期轴下第一叶）为 0.4%~1.3%；棉花（苗、蕾期
功能叶）为 0.4%~0.6%；小麦（抽穗前上部叶）为 0.5%~1.5%；大豆（苗
期地上部）及烟草（下部成熟叶片）为 0.3%~0.5%；番茄（花期下部叶）
为 0.3% ~ 1.0%；柑橘（叶龄 6 ~ 7 月的叶片）<0.6%；苹果（叶龄 3 ~ 4 月
的定形叶片）<0.7%。植株缺钾还受叶片含 N 率影响，不少研究者认为以 K/
N 值为指标，比单纯 K 指标有更好的诊断性，如油菜（出苔时叶片）K/N 临
界值为 0.25~0.30，水稻（幼穗分化以后叶片）K/N 临界值为 0.5。田间诊断时，
通常以形态诊断结合组织速测较为方便。常有的钾组织测法有：

（1）亚硝酸钴钠比色法。作物组织中的钾与亚硝酸钴钠作用生成黄色
沉淀，根据黄色沉淀的多少做出判断。

（2）六硝基二苯胺试纸法。六硝基二苯胺与钾作用生成橘红色络合物，
以不同浓度六硝基二苯胺制成试纸，根据显色与否判断钾营养状况。

此外，诊断玉米缺钾时，还可采用硫氰化钾法，因缺钾时铁在茎节部积
累，将硫氰化钾（10%）盐酸溶液直接涂抹于玉米剖开的茎秆节部，如呈鲜
明紫红色，则表面极度缺钾。

3. 土壤诊断

土壤全钾含量只代表土壤供钾潜力，一般不作为诊断指标。土壤交换性
钾和缓效（酸溶性）钾含量能说明土壤供钾水平，至于运用哪种方法应视当
地的土壤条件和种植的作物，通过土壤测试和田间钾肥试验的效果来定，也
可以两者结合使用。无论是以土壤交换性钾还是土壤缓效性钾的含量作为土

壤钾素的丰缺指标，在不同土壤类型、不同的地理位置和不同作物上都是有差别的，需要经过田间试验的结果来分析判定。一般通过多年多点不同含钾水平和不同钾肥施肥量水平的田间试验可以获得分级指标，分级指标可用极缺、缺乏、中等、丰富、极丰富等划分级别。

（四）预防

1. 合理施用钾肥

在我国的黑土带，由于大部分耕地土壤退化，作物因为交换性钾和缓效钾含量水平大幅度降低表现出缺钾，而全钾含量仍然比较高。作物对钾素的吸收量的变换幅度较大，过多施用钾肥虽然在生产上不至于出现不良后果，但增产增收的效益不大。在旱作耕地上合理施肥，原则上要根据土壤养分丰缺状况，以满足农作物前期的最低需要，防止钾素失调为最低标准；水田重在底肥的使用，缺乏耕地也应该重视追施粒肥；大棚和菜田往往过量施用速效性有机肥，提高了土壤浓度，需要从改善灌溉技术入手，改大水漫灌为湿润灌溉，防止土壤浓度过高和土壤过干、过湿情况的发生，从而防止钾素失调。

2. 加强耕作技术

通过推广应用秋季超深松耕作，倡导秋翻、秋施肥等耕作整地技术，提高根系的土壤活动空间，从而提高作物的摄取能力和土壤的供钾能力。应用耕作技术改善土壤的物理性质，提高土壤的矿化率和钾肥的利用率，是能够充分利用土壤丰富的钾肥资源、防止缺钾的有效方法；菜田需要通过加深耕层来疏散聚集在耕作层的水溶性养分含量、降低土壤浓度，同时也要通过加大持效性的有机肥土壤比例、配合化肥品种的施用来改善土壤养分不平衡的状况。

四、作物钙素失调的诊断与预防

（一）钙素失调症状

1. 缺钙症

缺钙首先从新生组织的茎、叶开始，严重时生长点就能发病，缺钙初期一般不出现褪色现象，这是诊断缺钙的重要特征之一。主要症状为幼叶变形，叶尖往往出现弯钩状，叶片皱缩，边缘向下或向前卷曲，新叶抽出困难，叶尖相互黏连，有时叶缘呈不规则的锯齿状，叶尖和叶缘发黄或焦枯坏死。植株矮小或呈簇生状，早衰、倒伏。不结实或少结实。

水稻：水稻缺钙心叶枯死，新叶前端及叶缘枯黄，下部叶片大部分仍保持绿色。

小麦：小麦缺钙叶片呈灰色，心叶变白，以后叶尖枯萎；根系对钙十分敏感，常引起根尖死亡及根毛发育不良，而影响根系的吸收机能。

玉米：玉米苗期缺钙，新生叶片尖端和心叶叶尖相互黏连而形成弯曲；根腐烂而死亡。

大豆：大豆早期缺钙，顶芽坏死，子叶变厚、卷曲，胚叶的茎基部产生大量黑斑，胚叶叶缘呈黑色；叶片斑纹密集；茎秆木质化。晚期缺钙时，叶色黄绿带红色或淡紫色，落叶迟缓。

马铃薯：幼叶边缘出现淡绿色条纹，叶片皱缩，严重时顶芽死亡。侧芽向外生长，呈簇生状。易生畸形成串小块茎。

番茄：上部叶片变黄，下部叶片保持绿色，生长受阻，顶芽常死亡。幼叶小，易呈褐色而死亡。近顶部茎常出现枯斑。根粗短分枝多，花少脱落多，顶花特别容易脱落。果实出现脐腐病，果实膨大初期，脐部果肉出现水浸状坏死，以后病部组织崩溃、黑化、干缩、下陷。

黄瓜：叶缘似镶金边，叶脉间出现透明白色斑点，多数叶脉间失绿，主脉尚可保持绿色。植株矮化，节间短，顶部节变矮明显，新生叶小，后期从边缘向内干枯。严重缺钙时叶柄变脆，易脱落，植株从上部开始死亡，死组织灰褐色。花比正常小，果实小，风味差。

大白菜：缺钙的典型特征是内叶叶间发黄，呈枯焦状，俗称"干烧心"，又叫心腐病。从结球初期到中期，在一些叶片的叶缘部发生缘腐症。

甘蓝：幼叶呈杯状，发皱而叶尖呈灼伤状，心叶停止生长，叶缘枯死，上部叶片叶脉间黄化。

芹菜：心叶生长明显受到抑制，近心的叶柄上有纵向凹陷状坏死斑，部分叶片上发生与病毒相似的黄化现象。

2.钙过剩症：作物一般不会出现钙过剩。

（二）钙素失调的发生条件

1.土壤条件

缺钙的土壤多是酸性土壤、长期大量施用磷肥造成磷素积累的地块和土壤浓度高、养分不平衡的土壤。酸性土壤的钙素活性低，土壤供应钙素的水平下降；土壤磷素过多与土壤钙素结合成磷酸多钙，当形成磷酸八钙时则难溶于水，磷素和钙素被"固定"后诱发生理性缺磷、缺钙；土壤浓度对作物摄取养分的能力影响极大，能够满足作物需要的土壤速效钙含量的"丰缺指标"，随着土壤浓度的提高而成倍提高，当土壤浓度增高时很容易诱发缺钙症。

2. 气象条件

高温干旱和低温干旱条件诱发缺钙。

3. 施肥条件

施肥主要通过作物长势和影响土壤钙素活性的形式来影响钙素的供应能力。一般情况下，以下三种情况容易诱发缺钙症，一是施肥量大、遇到干旱时土壤浓度增高，容易诱发缺钙症。二是氮肥用量较多、在先期遇到雨水调和的有利气象条件时生长速度过快，之后又遇到干旱等不利的气象条件，很容易出现缺钙症状，"白菜干烧心"一般在这种情况下发生。三是磷肥用量过大时，一方面磷素对钙素有"固定"作用，另一方面形成暂时酸性的土壤环境，降低土壤钙素的活性，这种条件下容易诱发钙素等金属性微量元素养分的缺乏，严重时形成轻微症状。

（三）缺钙的防治

1. 缺钙症的发生多是综合因素共同促进的结果，土壤浓度、土壤其他养分含量与各种养分的平衡、土壤的酸碱度、施肥量和施肥方法以及高温干旱和低温干旱等不利的气象条件都是诱因。以土壤酸碱度和气象因素来说，旱作大田因为土壤速效磷含量上升、速效钾含量下降等原因，土壤的 pH 值呈现下降的趋势，又有十年九春旱和阶段性干旱的影响，在瘠薄的耕地上容易出现缺钙。综合因素引起缺钙也需要通过综合措施解决缺钙问题，在旱作大田上，通过加强耕作、增施有机肥料、采用平衡施肥技术来改善土壤的理化性状、平抑土壤养分浓度和养分比例状况是根本的途径。在露地和大棚的菜田上，降低过多的速效性有机肥用量，采用滴灌和湿润灌溉的方法减少对土壤结构的破坏，防止土壤浓度过高、土壤养分含量过大、过干过湿等情况是预防缺钙的基本条件。

2. 使用钙素肥料。在常发、易发地块，合理的钙素肥料能够有效地减轻缺钙的发病程度。钙素肥料品种很多，其中叶面喷洒的根外追肥比较适宜目前的情况，使用中注意几点问题：其一，根据发生条件提前预防。发生条件主要考虑施肥、土壤、气象以及作物长势，如果土壤、施肥能够满足发生条件，当遇到作物长势过快、土壤即将发生干旱的情况，应该及时追肥。其二，施肥时间应该提前 3~5 天，每隔 7~10 天续喷一次，施肥的部位重点是新生组织的幼叶和顶芽。其三，控制施肥浓度不要过高，避开中午强光时间，遇雨淋失在缓解土壤旱情时一般不必重喷。

五、作物镁素失调的诊断与预防

（一）镁素失调症状

1. 缺镁症

缺镁首先在中下部老叶出现症状，并逐渐向上发展，叶片叶脉间失绿，但叶脉仍呈现清晰的绿色。禾本科作物开始缺镁时，在叶片的叶脉上出现间断串珠状的绿色斑点；双子叶作物除叶脉间失绿外，还出现紫红色的斑块，开花受抑制，花色苍白。钙、钾元素过多时，会抑制作物对镁的吸收，加重镁的缺乏。

水稻：水稻缺镁叶片褪绿发黄，下部叶片表现更为明显。

小麦：小麦缺镁叶片发黄，叶细柔软，中下部叶片叶脉间褪绿，而后残留大小为 1~2 毫米的形似念珠状串联绿斑。

玉米：玉米缺镁先从下部老叶开始，逐渐向上发展。老叶叶脉间失绿严重，呈紫色的花斑叶；新叶较为正常，只是叶色较淡，严重时叶片主脉两侧出现淡黄色至蓝白色条斑。

大豆：大豆缺镁时叶片叶脉间失绿，脉纹清晰，老叶由边缘开始发黄，沿脉间向里发展，并产生棕色小斑点。后期缺镁，叶片边缘向下卷，由四边向内变黄，并有早衰现象。

菜豆：生长前期缺镁脉间失绿变为深黄色，并带有棕色小斑点，但叶基及叶脉附近则保持绿色。生长后期缺镁，叶缘向下卷曲，边缘向内逐渐变黄，以至整个叶片呈橘黄或紫红色。

马铃薯：老叶的叶尖及边缘褪绿，沿脉间向中心部分扩展，下部叶片发脆。严重时植株矮小，根及块茎生长受抑制，下部叶片向叶面卷曲，叶片增厚，最后失绿叶片变成棕色而死亡脱落。

油菜：苗期子叶背面及边缘首先呈现紫红色斑块，中后期下部叶片近叶缘的脉间失绿，逐渐向内扩展，失绿部分由淡绿变为黄绿，最后变为紫红色，植株生长受阻。

番茄：新生叶有些发脆，同时向上卷曲，老叶脉间呈黄色，而后变褐、枯萎。缺绿黄化逐渐向幼叶发展，结实期叶片缺乏症状加重，但在茎和果实上很少表现症状。

黄瓜：黄瓜症状从老叶向幼叶发展，最终扩展至全株。老叶脉间失绿，并从叶缘向内发展。轻度缺镁时，茎叶生长均正常。极度缺镁时，叶肉失绿迅速发生，小的叶脉也失绿，仅主脉尚存绿色。有时失绿区似大块下陷斑，最后斑块坏死，叶片枯萎。

2.镁过剩症：作物一般不会出现镁过剩，但会阻碍作物生长。

（二）易于发生的环境条件

（1）温暖湿润地区质地粗轻的河流冲积物发育的酸性土壤，如河谷地带的泥砂土；高温风化淋溶强烈的土壤，如第四纪黏土发育的红黄壤等。

（2）红砂石发育的红砂土。

（3）过量施用钾肥以及偏施铵态氮肥，诱发缺镁。

（4）种植敏感作物，一般果蔬作物多于大田作物，常见的主要有菜豆、丝瓜、大豆、辣椒、向日葵、花椰菜、油菜、马铃薯；其次为玉米、棉花、小麦、水稻等；果树中的葡萄、柑橘、桃、苹果也较易发生。

（三）诊断

1.形态诊断

形态症状如上。某些作物缺镁有特异性症状，如小麦叶片脉间残留绿色小斑呈念球状；水稻病叶从叶枕处呈折角下垂，匍匐水面等，为判断提供方便。但缺镁形成花叶类型多，有的类似缺铁，有的类似缺钾，容易混淆，需注意鉴别，与缺铁区别在于症状出现位置不同，缺铁在上位新叶而缺镁出现于中下位老叶；与缺钾症的区别因叶位相同，辨别比较困难，但有如下几点可供比较辨认：

（1）缺镁褪绿常倾向于白化，有别于缺钾的黄化。

（2）缺镁叶片后期常出现浓淡不同的紫色或橘黄色等杂色，缺钾则少见。

（3）有些阔叶植物缺镁叶面明显起皱，叶脉下陷，叶肉微凸，而缺钾则不常见。

此外缺镁症大多在生育后期发生，又易与生理衰老混淆，但衰老叶片全叶均匀发黄，而缺镁则脉绿肉黄，且在较长时间内保持鲜活不脱落。

2. 植株分析诊断

不同作物缺镁临界值为 0.1%～0.3%。小麦、燕麦及玉米植株缺乏临界值为镁（Mg）<0.15%；大豆植株 <0.30%；甜菜、马铃薯叶片 <0.1%；番茄、黄瓜叶片 <0.3%；甘蓝、大白菜 <0.2%，梨、苹果及葡萄等叶片 <0.25%～0.44%，柑橘类 <0.1%～0.25%。

3. 土壤诊断

一般用土壤代换性镁为指标，由于镁的有效性还受其他共存离子及镁总代换量比例的影响，当土壤代换性镁大于 100 毫克 / 千克，镁 / 钾比大于 2 或代换性镁占总代换量 >10% 时，一般不缺镁。土壤代换性镁（Mg）<60 毫克，镁钾比值 <1，或代换性镁占代换量 <10% 为缺镁，但作物间有差异，如水稻，缺乏临界为 <30 毫克 / 千克，占阳离子代换量的比例 <6%；马铃薯临界为代换性镁 <50 毫克 / 千克，占阳离子代换量 <8%；在红壤上，代换性镁 <25 毫克 / 千克时，花生、大豆缺镁。

（四）防治

1. 施用镁肥

酸性缺镁果园土壤，施用含镁石灰（白云石烧制）既供镁又中和土壤酸性，兼得近期和长期效果，最为适宜。一般大田以用硫酸镁为多，公顷用 150～225 千克，用作基肥。应急矫正，以叶面喷施为宜，浓度 1%～2%，连续 2～3 次。其他镁肥如氯化镁、硝酸镁、碳酸镁等都可施用，但碳酸镁效果较慢、较长，适做基肥。钙镁磷肥、钢渣磷肥以及冶炼炉渣（含镁）也都可用，所含镁为可溶性，以用于酸性土壤并做基肥为宜。海水制盐的副产品苦卤（结晶为粗硫酸镁）以及加工产品钾镁肥等可以利用，但它们都含较多的氯，忌氯作物慎用。

2. 钾、镁平衡

钾、镁存在较强的拮抗作用，土壤中存在过量钾，抑制镁的吸收，诱发缺镁，国外报道较多。国内因用钾水平尚低，目前尚不多见，但局部则难说，应该留意。

六、作物硫素失调的诊断与预防

（一）硫素失调症状

1. 缺硫症

硫的缺乏症与氮素相似，表现为全株症状，整体褪色变为暗灰绿色直至黄化，植株矮小僵直，叶片细小且向上卷曲，硬脆易碎，严重时出现紫红色斑块或棕红色斑点，脉络不清，一般早衰脱落，茎生长迟缓僵直。初发部位一般在中部或上部，这与氮素和钾素缺乏形成特征上的区别。

水稻：水稻缺硫叶色全面褪绿，呈淡绿或黄绿色，叶细窄，分蘖不良，常与缺氮相似，难以分辨，但有时叶脉可能更淡。

小麦：小麦缺硫植株矮小，叶片发黄，成熟延迟，体内蛋白代谢失调，产量降低，品质变劣。

玉米：玉米缺硫新生的叶片和鞘茎呈淡绿色。

大豆：大豆缺硫上部叶片叶色变淡，新叶黄化。

食用豆：新叶淡绿至黄绿色，失绿色泽均一，后期老龄叶也发黄失绿，并出现棕色斑点，植株细弱，根系瘦长，根瘤发育不良。

马铃薯：生长缓慢，整个叶片黄化，与缺氮相似，但叶片并不提前干枯脱落。极度缺乏时，叶片上出现褐色斑点。

油菜：缺硫的初始症状为植株呈现淡绿色，幼叶色泽较老叶浅，以后叶片逐渐出现紫红色斑块，叶缘向上卷曲，茎秆细矮，开花结荚延迟，花、荚色淡。

番茄：初期叶片和植株体型均正常，茎、脉和叶柄渐呈紫色，叶片呈黄色。老叶的小叶叶尖和叶缘坏死，脉间组织出现紫色小斑点，幼叶僵硬并向后卷曲，最后出现大块不规则坏死斑。

黄瓜：生长受抑制，叶片变小，尤以幼叶明显。叶片向后卷曲，呈绿白到淡黄色，叶缘有明显锯齿状。与缺氮比较，老叶黄化明显。

2. 硫素过剩

多表现为毒害症状，多发于根系，主要是硫中毒，根系短并发生"褐变"或"黑变"，局部呈现水浸状或烫伤状，软弱而无弹性，伴有"根腐"现象，有时可以嗅到硫化氢的臭味，严重时地上部从老叶开始黄化衰败，并向上发展至全株死亡。

（二）易于发生的环境条件

（1）温暖湿润地区，淋溶强烈，有机质少，质地轻松的砂质土壤。

（2）远离城镇和工矿区，降水中含硫少的偏远地区。

（3）长期不施含硫化肥的土壤。

（4）南方丘陵山区还原性强的砂性冷浸田。

（5）种植敏感作物，如十字花科、豆科作物及烟草、棉花等容易或较易发生，禾本科作物一般不敏感，但水稻也能发生。

（三）诊断

1. 形态诊断

作物缺硫的一般表现为植株均匀褪绿黄化，易与缺氮混淆，但多数作物新叶重于老叶，而缺氮则老叶重于新叶。

2. 施肥诊断

部分作物如水稻缺硫，褪淡黄化，新老叶差异不明显，不易辨别时，可分别施用含硫氮肥（硫酸铵）和不含硫氮肥（碳酸氢铵或尿素），施后两者叶色均变绿，属缺氮；只硫酸铵区复绿而尿素（或碳酸氢铵）区不复绿，则属于缺硫。

3. 植株诊断

植株缺硫，氮代谢异常而积累，氮硫比扩大，缺硫诊断以全硫或氮硫比结合做指标，临界值水稻（分蘖期）为全 S<0.13%，N/S<12%～19%；棉花 全 S<0.17%～0.20%，N/S<15%～17%；苜蓿 全 S<0.19%～0.22%，N/S<11%～15%。

4. 土壤诊断

一般缺硫土壤的有效硫临界范围为 10～15 毫克 / 千克，油菜 <10 毫克 / 千克，玉米 <12 毫克 / 千克，棉花 <15 毫克 / 千克，水稻 <16 毫克 / 千克。

（四）防治

施用含硫肥料石膏、明矾、硫黄以及硫酸铵、过磷酸钙、硫酸钾镁都可见效，一般作物公顷用量纯硫（S）15 千克左右可以满足需要。硫黄为元素硫，要转化为硫酸盐以 SO_4^{2-} 形态才能被作物吸收，用前宜与土壤混拌堆置，其他各种含硫肥料都水溶速效。如遇缺硫、缺氮不易确诊时，则可径直施用硫酸铵。

七、作物铁素失调的诊断与预防

（一）铁素失调症状

1.缺铁时出现失绿症状。铁在作物体内较难移动，失绿症状首先在幼嫩叶片上出现。开始时，叶脉间失绿，如症状进一步发展，叶脉也随之失绿，植株上呈现均一的浅黄色。严重缺铁时，叶片呈黄色或出现褐色斑点。铁素过量，植株发生中毒，叶尖及边缘发黄焦枯，并出现褐斑。

水稻：水稻土中铁含量很高，一般不缺铁。但水稻土中亚铁含量有时很高，低价铁过多，不仅影响水稻根系对养分的吸收，还会改变水稻体内的呼吸系统。当叶片中二价铁的含量达每千克 300 毫克时，叶片开始出现褐色小斑点，以后扩展到全叶。

小麦：小麦缺铁叶脉间组织黄化，呈明显的条纹；幼叶丧失形成叶绿素的功能。小麦需铁量少，在一般土壤中，小麦不会缺铁。

玉米：玉米缺铁新生叶片黄化，中部叶片叶脉间失绿，呈清晰的条纹状。但下部叶片仍保持绿色。

大豆：大豆是鉴定土壤缺铁的指示作物。缺铁时，幼叶叶脉间失绿黄化，叶脉仍保持绿色；缺铁严重时，整个新叶变黄，以后叶脉也逐渐变黄，最后几乎变成白色，植株生长缓慢。此外，大豆缺铁还会影响根瘤中根瘤菌的固氮作用，使大豆氮素受到影响，植株矮小，进而影响大豆的产量和品质。

食用豆：上部叶片脉间黄化，叶脉仍保持绿色，并有轻度卷曲，严重缺乏时，整个新叶失绿呈白色。极度缺乏时，叶缘附近出现许多褐色斑点状坏死组织。

马铃薯：幼叶轻微失绿，并且有规则地扩展到整株叶片，继而失绿部分变为灰黄色。严重缺铁时，失绿部分几乎变为白色，向上卷曲，下部叶片保持绿色。

番茄：上部的幼叶失绿，叶片的基部出现灰黄色斑点，沿着叶脉向外扩展，有时脉间焦枯和坏死。

黄瓜：缺铁时叶脉绿色，叶肉黄色，逐渐呈柠檬黄色至白色。芽停止生长，叶缘坏死，完全失绿。

茄子：从顶端叶片开始黄化，严重时叶脉间几乎变黄。

2.铁过剩症：作物一般不会出现铁过剩。

（二）易于发生的环境条件

（1）石灰性高 pH 土壤、江河石灰性冲积土、滨海石灰性上地、内陆盆地的石灰性紫色土。

（2）石灰或碱性肥料施用过多的土壤，局部混有石灰质建筑废弃物的土壤。

（3）施用磷肥和含铜肥料过多的土壤，由拮抗作用使铁失去生理活性。

（4)多雨年份,地下水位高,渍水等引起土壤过湿,促进游离碳酸钙溶解,HCO^{3-} 增加，抑制对铁的吸收利用。

（5）大型机械镇压及其他原因引起的土壤板结，通气不良，CO_2 易积累，HCo^{3-} 增加，诱发缺铁。

（6）果树苗木移栽，根系受伤，栽后 1~2 年内也易缺铁。

（7）种植敏感作物。一般木本植物比草本植物敏感，多年生植物比一年生植物敏感。常见容易发生的植物：果树中有柑橘、苹果、桃、李；行道树种中的樟、枫、杨等；大田作物有花生、大豆、玉米、甜菜；蔬菜作物中有番茄等。

（三）诊断

1.形态诊断

作物缺铁的外部症状如上。在诊断中，由于铁、锰、锌三者容易混淆，需注意鉴别：

（1）缺铁褪绿程度通常较深，黄绿间色界常较明显，一般不出现褐斑，而缺锰褪绿程度较浅，而且常发生褐斑或褐色条纹。

（2）缺锌一般出现黄斑叶，而缺铁通常全叶黄白化而呈清晰网状花纹。

2.植株分析诊断

作物缺铁失绿症与稀酸(2摩尔/升 HCl)提取的活性铁有良好的相关性，而与全铁相关并不十分可靠。一般认为向日葵（叶）<70毫克/千克，番茄（叶）<90 毫克/千克，水稻（叶）<60 毫克/千克，都可能缺铁；柑橘（6摩尔/升 HCl 提取，临界值为40毫克/千克。重金属元素过多诱发缺铁，尤其是锰，故铁与其他金属元素比值也有诊断意义。大豆叶片中正常 Fe/Mn 比例为

1.5~1.6，小于1.5时发生缺铁症或锰过剩症，大于2.6则发生缺锰症或铁过剩症，作物缺铁时，叶片中的过氧化氢酶活性显著降低，可做诊断的辅助。

3. 施肥诊断

以0.1%~0.2%FeSO₄或柠檬酸铁做叶面喷施，如果缺铁，叶片出现复绿斑点，可以确诊。

4. 土壤诊断

缺铁一般发生在pH>7的中性偏碱性土壤，酸性土壤一般可排除缺铁的可能。土壤有效铁因所用提取剂不同，临界值有差异。目前没有统一的方法和标准，一般应用较多的是DT帕浸提的络合态铁，也有用醋酸铵（pH4.8）提取的易溶性铁，前者临界范围为2.5~4.5毫克/千克，后者为5.0毫克/千克。

（四）防治

1. 施用铁肥

由于缺铁通常发生在石灰性土壤，土壤施用铁肥（如硫酸亚铁）极易被氧化沉淀而无效；叶面喷施时进入叶内不多且不易扩散，往往只有着雾点能复绿，效果也不佳。为了克服这一问题，目前在果树方面认为较好的办法是：（1）以硫酸亚铁和有机肥混拌（以1:10~20比例）按每树1~2千克硫酸亚铁的量在树冠圈内分数穴（成年树8~10，小树酌减）集中穴施；（2）铁液埋瓶浸根，以1%硫酸亚铁+1%左右柠檬酸液盛于小型玻璃瓶或塑料袋（10~20毫升），在树冠圈内刨出树根（吸收根）浸入瓶（袋）内，封口埋入土中，成年树每树6~8瓶。此外螯合铁EDDHA-Fe［乙二胺二邻羟苯基大乙酸铁］中效果稳定，但价格昂贵。据报道，与滴灌结合进行，能符合经济要求。

2. 钻木选择

嫁接果利用耐缺铁树种做钻木可以使缺铁失绿减少。

3. 客土

以富铁的土壤如红黄壤进行客土，但限于就近有这一资源的地区。

八、作物硼素失调的诊断与预防

（一）硼素失调症状

1. 缺硼症

作物缺硼最典型的症状是"花器受损、花而不实"。缺硼在作物的各个生长发育时期都可能出现，初发症状开始于生长点的根尖、茎尖停止生长，严重时萎缩死亡，出现大量侧芽和侧根，侧芽或侧根也发生生长点坏死，继之新的侧芽、侧根又发又死，形成畸形植株和根系。豆科根系结瘤少或不能固氮；生殖器官方面一般能够开花，但花粉畸形，花蕾和子房易脱落，花期延长，不结实或果实种子不充实，严重时有蕾无花，或有花无果；叶片肥厚、皱卷，呈现失水似的凋萎。有时出现失绿的紫色斑块，叶柄和茎变粗增厚；有时开裂，枝扭曲畸形，茎基部肿胀膨大，番茄的茎或叶柄有木栓化斑块，茎出现开裂的"天窗"，果实畸形；有时果肉少而形成空瓤，类似于低温引起的败育空洞果。

小麦：小麦硼供应不足，分蘖不正常，有时不出穗，顶叶浅绿，卷缩变黄，老叶弯曲，失绿变淡；开花期雄蕊发育不良，花药瘦小，有时无花粉，颖壳张开，麦穗透亮，俗称为"亮穗"。只开花，不结实，称"不稔症"。

玉米：玉米缺硼，植株矮小，幼芽及叶尖生长受阻甚至死亡，叶脉间出现白色条纹斑；果穗退化，很少吐丝，受精不正常，不结实，形成空秕粒。

大豆：大豆缺硼，苗期顶端生长受阻和萎缩，子叶增厚发皱、卷曲，侧芽明显生长。如大豆的"芽枯病"。主根顶端死亡，侧根多而短，僵直短茬，根瘤发育不正常。不开花或开花不正常，结荚少而畸形。有时出现"花叶症"。

甜菜：甜菜缺硼首先是心叶卷曲和变形，叶色变深，上部叶片出现白色网纹状皱纹，叶面深绿，叶柄上出现横向裂纹，颜色先变黄后变黑，外部的老叶和叶脉变黑，充满锈斑。块根上部变得干燥和松软，最后变空，颜色呈褐色到黑色；严重缺硼时，根内部腐烂，称"腐心病"。

马铃薯：缺硼时，生长点及顶枝尖端死亡，侧芽生长；枝叶丛生，叶片粗糙增厚，块茎变小，发生龟裂。叶缘向上卷曲，叶柄提前脱落。

油菜：心叶卷曲，叶肉增厚。小部叶片的叶缘和脉间呈现紫红色斑块，渐变黄褐色而枯萎。生长点死亡，茎和叶柄开裂，根茎外部组织肿胀肥大，但脆弱易碎。花蕾脱落，雌蕊柱头突出，主花序萎缩，侧花序丛生。开花期延长，花而不实。

食用豆：顶端枯萎，叶片粗糙增厚皱缩。生长明显受阻，矮缩。主根顶端死亡，侧根少而短。不开花或开花不正常，结荚少而畸形，根瘤发育不正常。

甘薯：藤蔓顶端生长停顿，叶畸形，叶柄扭曲，薯块畸形，质地坚硬、粗糙，表面出现瘤状物及黑色凝固渗出液。

番茄：幼苗子叶和真叶发紫，叶片僵而脆。茎生长点发黑，干枯，在生长点附近长出新侧枝。整个植株"丛生状"。顶端的枝条向内卷曲，发黄而死亡，叶柄及叶片主脉硬化变脆。果实成熟期不齐，表面常覆盖着一些暗黑色疤痕，并破裂。

黄瓜：根系不发达，生长点停止生长，叶缘向上卷曲，果实中心木栓化开裂。

芹菜：缺硼引起茎裂病，老叶叶柄出现较多裂纹裂口。初期叶缘出现病斑，同时茎变脆，并在茎表皮上出现褐色纹带，最后茎发生横裂且破裂组织向外卷曲，根系变褐，侧根死亡。

大白菜：叶柄呈黄褐色，龟裂。

萝卜：肉质根内部组织坏死变褐，木栓化，称褐心病或褐色心腐病。

花椰菜：主茎和小花茎上出现分散的水渍斑点，花球外部和内部变黑，在花球不同成熟阶段都有症状表现，但随植株年龄的增加而病情加重。花球周围的小叶发育不健全或扭曲。

2. 硼素过剩：症硼素过量易引起毒害，使叶尖及边缘、脉间发黄焦枯，叶片上出现棕色坏死斑点，进而枯萎脱落。

（二）易于发生的环境条件

（1）雨量丰富地区的河床地、石砾地、砂质土或红壤等，因长期淋洗作用使土壤中硼含量极低，作物容易缺硼。

（2）酸碱度高的石灰质土壤，硼易被固定，有效性低，而引起作物缺硼。

（3）干旱时，硼在土壤中的移动和作物的吸收均受阻，更易发生缺硼。

（4）偏施氮肥加重缺硼。

（5）种植敏感作物。双子叶植物比单子叶植物敏感，果蔬作物缺硼一般较大田作物多。大田作物中油菜、甜菜、向日葵、芝麻、棉花；果蔬作物中的柑橘、苹果、葡萄及甘蓝、大白菜、芹菜对硼敏感；禾本科作物除麦子、玉米外一般对硼不敏感。

（三）诊断

1. 诊断形态如上所述，缺硼形态症状多样，比较复杂，重点应注意：

（1）顶端组织的变异，如顶芽畸形萎缩、死亡，腋芽异常抽发。

（2）叶片（包括叶柄）形态质地变化，如叶片变厚，叶柄变粗、变硬、变脆、开裂、木栓化等。

（3）结实器官变化，如蕾花异常脱落，花粉发育不良，不实等。

2. 植株分析

诊断叶片全硼能很好反映植株硼营养状况，一般作物成熟叶片含硼<15~20毫克/千克可能缺乏，20~100毫克/千克适量或正常，但作物之间有较大差异，通常双子叶植物含硼大于单子叶植物。棉花（叶）<15~20毫克/千克缺乏，20~60毫克/千克正常；油菜（叶）<8~10毫克/千克缺乏，10~30毫克/千克正常；甜菜（中部叶片）、芹菜（嫩叶）、黄瓜（中部叶片）<20毫克/千克缺乏，30~100毫克/千克正常；水稻及大、小麦（苗期植株）<2~5毫克/千克缺乏，5~10毫克/千克正常。Ca/B比也能反映作物的硼营养，油菜（薹期）Ca/B>200时缺硼，50~200时正常，甜菜、大豆分别>100>50时缺硼。

3. 土壤诊断

一般以热水溶性硼0.5毫克/千克为指标，适量为0.5~1.0毫克/千克，丰富或过量为大于1.0毫克/千克，不同作物的临界值：棉花严重缺硼<0.2毫克/千克，轻度缺硼0.25~0.5毫克/千克；甜菜临界值为0.75毫克/千克；水稻、麦类等禾谷类作物为0.1毫克/千克。但土壤质地、pH对临界值有显著的影响，砂土临界值低于黏土，酸性土低于碱性土。

（四）防治

（1）因土种植，选用耐性品种。基于不同作物品种多缺硼忍耐存在较大差异，在通常发生缺硼地区少种或不种敏感作物，或选用耐性品种减少损失。

（2）土壤施用硼肥。用作硼肥的有硼砂、硼酸、硼矿泥等，但以硼砂常用。一般用量大田作物7.5~15千克/公顷，需硼量大的如甜菜22.5~30千克/公顷，拌泥或对水浇施，喷施用0.1%~0.2%硼砂液，用量每公顷750~1500克；果木按树施用，每树50~100克。由于一般作物含硼适宜范围狭窄，适量与过剩界限接近，极易过量，所以用量要严格控制；其实是硼砂溶解慢，应先用温水促溶，再兑足水量施用。

（3）干旱季节，注意灌溉。

（4）酸碱度高的土壤采用生理酸性的肥料，如硫铵等，以降低根圈

pH，提高硼的有效性。

九、作物锰素失调的诊断与预防

（一）锰素失调症状

1. 缺锰症

农作物缺锰在不同的生育时期表现不同。早期缺锰，叶片的主脉附近呈深绿色、带状，叶脉间则为浅绿色。到了中期，叶片的主脉和侧脉附近的带状区域变成暗绿色，叶脉间为浅绿色的失绿区，并且逐渐扩大；后期严重缺锰，叶脉间的失绿区变成灰绿到白色，植株中下部老叶呈褐色小斑点，散布于整个叶片，叶片较软并向下披散，质地脆弱易折，根系纤细而柔弱。

水稻：叶色退淡发黄，叶脉保持绿色，叶片上出现棕褐色斑点，严重时扩大成斑块或连成条状直至坏死。新生叶宽而短，呈淡绿色。分蘖正常，但植株矮小。

小麦：小麦对锰较敏感，缺锰时出现症状较早，三叶期即可发病。初期与缺氮的症状相似，先叶肉褪绿，叶色变淡，后叶肉部分出现许多白色小斑点与叶脉平行，后逐渐扩大成退绿条纹，同时叶片上出现一条组织变软的横线，叶片上端下垂，也易从此处折断。老叶上斑点呈灰色、浅黄色或亮褐色，称"灰斑病"。有时叶脉间呈白色条状。

玉米：玉米缺锰叶片柔软下披，新叶叶脉间出现与叶脉平行的黄绿色纹状；根系纤细而色白。

大豆：大豆对锰的反应比较敏感。缺锰时，新叶失绿，中下部叶片脉间失绿；严重时老叶叶面不平滑、皱缩，并有褐色小斑点，容易早落。

甜菜：甜菜缺锰叶片中叶绿素含量明显降低。初期在叶脉间出现小的失绿叶斑，随着缺锰程度加剧，失绿的叶斑由黄绿变成浅黄或浅绿色，叶脉和叶脉附近仍保持绿色，称为"黄斑病"，是缺锰的特殊症状。以后失绿叶病斑逐渐蔓延到全叶。叶缘向上卷曲而高出叶面，叶片呈三角形，最后变成褐色而坏死；严重时坏死部分脱落穿孔，叶片呈直立状，出现叶斑的同时，植株生长缓慢或停滞。

马铃薯：缺锰时，叶片叶脉间失绿。品种不同可呈现淡绿色、黄色和红色；严重缺锰时，叶脉间几乎变为白色。症状先从新的小叶开始，以后沿叶脉出现很多棕色小斑点，小斑点枯死，使叶面残缺不全。

烟草：缺锰时幼叶绿色减退，叶脉间的组织变为灰绿色；严重时几乎变成白色，并出现坏死斑点。这种斑点不像缺钾那样局限在叶尖的叶缘，而是分布于整个叶片上。

番茄：叶片脉间失绿，距主脉较远的地方先发黄，叶脉保持绿色，以后叶片上出现花斑，最后叶片变黄。很多情况下，先在黄斑出现前出现褐色小斑点。严重缺锰时，生长受抑制，不开花，不结实。

黄瓜：植株顶端及幼叶间失绿呈浅黄色斑纹，初期末梢仍保持绿色，显现明显的网状纹。后期除主脉外，全部叶片均呈黄白色，并在脉间出现下陷坏死斑。老叶白化最重，并最先死亡，芽的生长严重受抑，新叶细小。

大白菜：缺锰发生缘腐病，叶球内叶片边缘水渍状至褐色坏死，干燥时似豆腐皮状，又名干烧心、干边、内部顶烧症等。

菠菜：首先表现在新生叶片上，后蔓延到全株。叶肉组织逐渐褪色，最初呈浅绿色，后变黄色。后期脉间出现白色坏死组织。

2. 锰过剩症

因作物不同而有较大差异，但多数表现为根褐变，叶片出现褐色斑点，也有叶缘黄白化或呈紫红色，嫩叶上卷等。苹果锰过剩引起粗皮病，水稻锰过剩，叶黄化，发生高节位分蘖，茎基有褐色污染物等。锰过剩抑制钼的吸收，酸性土壤上作物缺钼有可能是锰过剩引起的。小麦植株在高浓度锰溶液下（每千克50毫克），两周后即出现毒害症状，受轻害的植株叶片失绿，叶尖枯焦；严重的则明显矮化，整株失绿，叶片上有白色斑点，叶尖呈紫色。

（二）易于发生的环境条件

（1）富含碳酸盐，pH7以上的石灰性土壤。

（2）质地松，有机质少的易淋溶土壤。

（3）水旱轮作的旱茬作物。

（4）低温、弱光照条件促进发生。

（5）种植对缺锰敏感作物，主要有大麦、甜菜、烟草、马铃薯、柑橘、苹果，其次是小麦、番茄、豌豆等。

（三）诊断

1. 形态诊断

作物缺锰外部症状如上。由于缺锰与缺铁、缺锌症状近似，容易混淆，要注意辨别。

（1）与缺锌区别。缺锌多呈斑状黄化，与绿色部位色差鲜明；缺锰少见斑状黄化，色差不明显。

（2）与缺铁的区别参看作物缺铁诊断。

（3）与缺镁区别：缺锰失绿先出现于新叶，缺镁出现于老叶。

2. 植株分析

诊断作物成熟叶含锰 20 ~ 30 毫克 / 千克时，可能缺锰。但不同作物有差异，一般果树（叶片）<30 毫克 / 千克，小麦（孕穗期）叶片 <25 毫克 / 千克，大豆、番茄、黄瓜（叶）<10 毫克 / 千克，甜菜、烟草、马铃薯等叶片 <5 毫克 / 千克。

3. 施肥诊断

结合形态特征，遇症状不易鉴别时可叶面喷施 $0.2\%MnSO_4$ 溶液，如叶片变绿，可确诊。

4. 土壤诊断

缺锰临界值因提取剂不同而不同，一般以代换性锰（HCAc—NH_4OAc 浸提）<4 毫克 / 千克，还原性锰（含还原剂的中性 NH_4OAc 浸提）<100 毫克 / 千克为缺乏，石灰性土壤以代换性锰 <3 毫克 / 千克，活性锰 100 ~ 200 毫克 / 千克作为临界范围。

（四）防治

1. 施用锰肥

含锰肥料有硫酸锰、氯化锰、碳酸锰、二氧化锰、锰矿渣等，以硫酸锰、氯化锰见效较快。一般以用硫酸锰为多，大田作物，基施公顷用 15 千克，喷施溶液浓度 0.1% ~ 0.2%，也可拌种，每公顷用 750 ~ 1500 克，基施效果一般优于追施，果树一般以喷施为主。

2. 施用硫黄和酸性肥料

硫黄和酸性肥料硫酸铵等入土后产酸，酸化土壤，可以提高土壤锰的有效性，硫黄用量据有关资料为 22.5 ~ 30 千克 / 公顷。

十、作物锌素失调的诊断与预防

（一）锌素失调症状

1. 缺锌症

锌影响到作物体内生长素的合成，所以缺锌时生长受到抑制。植株矮小，节间短，形成叶簇，缺绿，新叶呈灰绿色或出现白色斑点。"花白叶病""小叶病"和"白苗症"等都是缺锌的症状。

水稻：秧苗移栽 2～3 周后缺锌，出现稻缩苗、僵苗。新叶基部褪绿成浅黄，继而发白；老叶片中脉两侧出现不规则的褐色小斑点，逐渐发展成条纹；老叶片发脆下披易折断，叶片短窄，茎节缩短，上、下叶鞘重叠，叶枕并列甚至错位；根系老化，新根少，吸收能力下降。

小麦：小麦缺锌引起小叶丛生，植株矮化，缺绿或表现出花叶等症状。

玉米：玉米对锌元素反应比较敏感。玉米缺锌最显著的症状是白苗花叶，称"白苗病"或"花白叶病"。玉米缺锌症状一般从 4 叶期开始，新叶基部的叶色变淡呈黄白色；5～6 叶期间，心叶下 1～3 叶出现淡黄和淡绿色相间的条纹，叶脉仍为绿色，基部出现紫色条纹，10～15 天后紫色渐变为黄白色，叶肉变薄，叶片似白绸，半透明似"白苗"，严重时全田一片白；植株矮化，节间短，叶枕重叠，顶端平顶；拔节后渐转淡绿，喇叭口期，中下部出现黄绿相间的条纹，叶似"花叶"，基部重新变白，半透明；抽雄后，自下而上呈"花叶"状，抽雄吐丝比正常晚 2～3 天，空秆多，果穗缺粒秃尖，形成"稀癞子"玉米。

高粱：高粱缺锌症状与玉米相似，也形成"白苗病"，穗顶松散缺粒。

大豆：大豆缺锌，植株生长缓慢，植株矮小，叶片呈柠檬黄色，叶脉间失绿发黄。老叶上有小的青铜色斑点，斑点逐渐扩大成斑块。

马铃薯：缺锌时，植株生长受到抑制，节间短；顶端的叶片向上直立，叶小，叶面上有灰色至古铜色的不规则斑点，叶缘向上卷曲；缺锌严重时，叶柄及茎上出现褐色斑点。

烟草：烟草缺锌，下部的叶片尖端及边缘发生水渍状失绿枯死，有时围绕叶缘一周形成"晕轮"，叶片小，增厚，节间短。

番茄：番茄顶部叶片细小，呈丛生状，脉间轻微失绿，新叶发生黄斑，植株矮化。老叶比正常叶小，不失绿，但有不规则的皱缩褐色斑点，尤以叶柄较明显。叶柄朝后弯曲呈一圆圈状。坏死发生迅速，几天之内叶片就可全部枯萎。

黄瓜：黄瓜嫩叶生长不正常，芽呈丛生状，生长受抑制。

2. 锌过剩症

多数情况下植物幼嫩叶片表现失绿、黄化，茎、叶柄、叶片下表皮出现赤褐色，甚至完全枯死。水稻锌过剩，稻苗长势衰弱，叶片萎黄；小麦锌过剩，叶尖出现褐色斑；大豆锌过剩，叶片尤其中肋基部出现紫色，叶片卷缩。

（二）易于发生的环境条件

（1）酸性且经长期淋洗作用的砂质土壤，其锌含量很低，作物容易缺锌。

（2）石灰质土壤或石灰施用过量的土壤，锌的有效性低，作物容易缺锌。因在高 pH 和游离碳酸钙存在下，锌易被土壤黏粒和碳酸钙吸附，且锌的氧化物溶解度降低，因而此类土壤锌的有效性低。土壤中碳酸氢根（HCO_3^-）会抑制作物对锌的吸收而加重锌的缺乏。

（3）有机质土壤，锌与有机物形成稳定的化合物，致作物无法吸收而导致缺锌。

（4）土壤磷含量过高或长期施用过量磷肥，使土壤中的锌更易被吸附而降低其有效性，导致作物缺锌。

（5）种植敏感作物，如果树中的柑橘、苹果、桃、柠檬，大田作物中的玉米、水稻等，其次是马铃薯、番茄、甜菜等。

（三）诊断

1. 形态诊断

作物的典型缺锌症状，如果树"小叶病"、水稻"红苗"等，容易判断，但需注意与其他易混症状的区别：

（1）水稻缺锌与缺钾，叶片都发生赤褐色斑点等赤枯现象，但先者病斑先发于中肋，以后逐渐向外扩展，而后者则先发于叶尖及两缘，向下向内延伸。

（2）水稻缺锌与缺磷均发生"僵苗"，但前者可先分蘖后坐苗发僵，后者移栽后不分蘖即发僵，且呈明显的"一炷香"株形。

（3）缺锌与缺锰区别见"缺锰诊断"条。

（4）果树的缺锌与缺铁的差异见作物缺铁诊断与防治。

2. 土壤诊断

土壤全锌量表示潜在锌肥力，没有诊断价值，通用有效锌为指标，石灰性土壤用 DT 帕提取，临界值为 1.0 毫克 / 千克，小于 0.5 毫克 / 千克严重缺乏，0.5~1.0 毫克 / 千克时为潜在性缺乏，大于 1.0 毫克 / 千克为正常。偏酸性土壤用 0.1 摩尔 / 升 HCl 提取，小于 1.0 毫克 / 千克是严重缺乏，1.0~1.5 毫克 / 千克为潜在缺乏，大于 1.5 毫克 / 千克为正常。

3. 植株分析诊断

作物叶片全锌量与缺锌症状有良好关系，大多作物缺锌临界值在 10~20 毫克 / 千克，水稻分蘖期叶片 <10 毫克 / 千克为严重缺乏，10~20 毫克 / 千克为轻度或潜在性缺乏；黄瓜（茎叶）<8 毫克 / 千克，玉米（吐丝期叶片）<10~15 毫克 / 千克，番茄、苹果及梨等叶片 <15 毫克 / 千克，柑橘（叶）<10~24 毫克 / 千克为缺乏。

4. 酶学诊断

在光合作用中 CO_2 固定需要碳酸酐酶，锌为该酶的组成，测定该酶活性，可以诊断是否缺锌。在 HCO_3^- 与 H^+ 反应中，碳酸酐酶促进 CO_2 产生，使 pH 降低，以溴百里酚蓝做指示剂，反应液颜色由淡蓝变黄绿色，表示缺锌；绿黄色表示不缺锌。

（四）防治

1. 施用锌肥

用作锌肥的有硫酸锌、氯化锌、氧化锌、碳酸锌等，常用为硫酸锌。大田作物如水稻、玉米，施硫酸锌每公顷 30 千克左右（以 $ZnSO_4 \cdot 7H_2O$ 计，如 $ZnSO_4 \cdot H_2O$ 可按比例减量），喷施用 0.1%~0.2% 浓度。果树一般喷施，浓度在 0.5%~1.0%，冬季可浓，夏季宜淡，如与尿素（0.5%）混用可提高效果。另外，也可采用树干钻孔，拌填料塞入或打入锌钉等方法。

2. 排除渍水

强还原条件促使缺锌，石灰性渍水难排的水稻田极易发生缺锌，排水通常能获得显著效果。

十一、作物铜素失调的诊断与预防

（一）铜素失调症状

1. 缺铜症

缺铜时，作物主要表现为幼叶尖失绿，出现白色叶斑，逐渐萎蔫。新生叶片小，呈蓝绿色，叶肉栅栏组织退化，气孔下形成空腔。节间缩短，植株矮化。禾本科作物表现为植株丛生，顶端变白，严重时，穗和芒发育不全，空秕粒多，产量低。有时大量分蘖而不抽穗。沼泽土开垦的土壤易发生缺铜症状。

小麦：小麦缺铜，叶子失绿，变成针状卷曲，灌浆不充分，成熟期延迟，籽粒秕。

玉米：玉米缺铜时，幼叶脉间失绿呈条纹状，中下部叶片为黄绿色条纹，老叶绿色。严重缺铜时，整个新叶失绿发白，失绿部分均一，一般不出现斑点。叶顶干枯，叶片弯曲，失去膨压，叶片向外翻卷。缺铜更为严重时，正在生长的新叶死亡。

大豆：大豆缺铜，上部叶片脉间黄化，叶脉仍保持绿色，并有轻度卷曲。缺铜严重时，整个新叶失绿呈白色，叶缘附近出现许多褐色斑点状坏死组织。

豌豆：新叶失绿、卷曲。豌豆花由鲜艳的红褐色变为暗淡的漂白色。

黄瓜：上部叶片下垂为缺铜的典型症状。叶片黄化不仅发生在上部叶片，而且还会扩展到下部叶片，上部叶片呈畸形，向内翻卷，花发育得不好。

番茄：叶片向内卷曲、皱缩。

2. 铜过剩症

多数作物叶黄化，根伸长受阻，盘曲不展或形成分歧根、鸡爪根。铜过剩明显抑制铁吸收；有时作物铜过剩以缺铁症出现。铜过量会造成小麦分蘖发育不良。

（二）易于发生的环境条件

（1）高有机质土壤如泥炭土、腐泥土。

（2）本身含铜低的土壤，如花岗岩、钙质砂岩、红砂岩及石灰岩等母质发育土壤，表土流失强烈的粗骨土壤。

（3）氮、磷及铁、锰含量高的土壤。

（4）种植敏感作物，常见敏感及较敏感作物主要有燕麦、小麦、菠菜、烟草以及柑橘、苹果和桃等。

（三）诊断

1. 形态诊断

作物缺铜的外部症状如上。典型症状是：禾谷类作物如麦类是上位叶黄化、白化及穗不实；木本果树作物是枝梢枯死的枝枯病。

2. 植株诊断

一般作物含铜范围 5 ~ 30 毫克 / 千克，成熟叶片含铜 <2 毫克 / 千克时，可能缺铜。不同作物缺乏临界值为：柑橘叶片 <4 毫克 / 千克，5~6 毫克 / 千克正常；麦类不实叶片 <1.5 毫克 / 千克，正常结实的植株叶片应 >3.0 毫克 / 千克；大豆 <12 毫克 / 千克（苗期叶片），<15 毫克 / 千克（结荚期叶片），<13 毫克 / 千克（成熟期叶片）缺乏。缺 Cu 植株含 Fe 增高，Fe 与 Cu 呈显著负相关，小麦的 $Cu/Fe<0.008 ~ 0.012$ 时缺乏。

3. 土壤诊断

土壤有效铜含量与作物含铜关系良好，提取剂不同临界值不同，酸性和中性土壤普遍采用 0.1 摩尔 / 升 HCl 提取，石炭性和有机质含量高的土壤，多采用螯合剂 DT 帕提取，0.1 摩尔 / 升 HCl 提取的铜 <2.0 毫克 / 千克，DT 帕浸提取的铜 <0.2 毫克 / 千克为缺乏临界值，小麦缺铜 0.1 摩尔 / 升 HCl 浸提取的铜 <1 毫克 / 千克，棉花缺铜的 DT 帕铜 <0.3 毫克 / 千克。

4. 组织化学与酶学诊断

铜能活化多酚氧化酶，提高植物木质化程度，酸性间苯三酚可使木质化部分染成红色，红色深浅说明木质化程度强弱。铜又是抗坏血酸氧化酶的组成成分，活性与叶片含铜量关系密切，测定酶活性强弱可以判断含铜丰缺。

（四）防治

土壤及叶面施肥均有助于铜缺乏的补救，但土壤施肥较普遍，施用铜肥一般用硫酸铜。大田作物如麦类用量 15 ~ 30 千克 / 公顷，拌泥基施，于拔节前后喷施两次；果树一般采用喷施，结合防病喷洒波尔多液也能见效。由于作物每年吸收的量很少，且铜淋失量甚微，故施用一次后，可发挥数年的残效，因此不需要每年施用，否则将产生铜毒害。

十二、作物钼素失调的诊断与预防

（一）钼素失调症状

1. 缺钼症

植物缺钼所呈现的症状有两种类型。一种是脉间叶色变淡、发黄，类似于缺氮和缺硫的症状，但缺钼时叶片易出现斑点，边缘发生焦枯并向内卷曲，由于组织失水而呈萎蔫。一般老叶先出现症状，新叶在相当长时间内仍表现正常。定型的叶片有的尖端有灰色、褐色或坏死斑点，叶柄和叶脉干枯。另一种类型是十字花科植物常见的症状，即表现叶片瘦长畸形，螺旋状扭曲，老叶变厚，焦枯。

小麦：缺钼时，小麦顶叶浅绿，卷曲变黄，老叶弯曲，失绿变淡，甚至叶片死亡；灌浆很差，成熟延迟，籽粒不饱满。

玉米：缺钼的玉米种子发芽慢，发芽率低；有的虽能发芽，但幼苗歪曲生长，不久植株死亡。缺钼的玉米，幼嫩叶首先枯萎，随后沿其边缘枯死，有些老叶顶端枯死，继而叶边和叶脉之间发生枯斑，甚至坏死。

大豆：大豆缺钼时，由于氮素代谢失调，叶变成浅绿，与缺氮症状相似。有一特点是形成"杯状叶"。根瘤发育不良，固氮作用弱，结荚少，百粒重下降。

甜菜：缺钼的甜菜，叶片上出现水渍状、斑状，继而扩大成为失绿的圆形呈黄色斑点，分散在叶脉间，严重时坏死。叶背面有褐色胶状突起。

油菜：叶片凋萎或焦枯，通常呈螺旋状扭曲。老叶变厚，植株丛生。

番茄：最初缺钼，下部叶片呈现明显的黄化和斑点，叶脉仍保持绿色，而后失绿部分扩大。小叶叶缘显著地向上卷曲，尖端和叶缘处产生皱缩和死亡。新生叶片初呈绿色，随后逐渐失绿和发生卷曲。

2. 作物钼过剩

在形态上不易表现，茄科作物对钼过量较敏感，番茄、马铃薯钼过量，小枝呈金黄色或红黄色。

（二）易于发生的环境条件

（1）酸性土壤，特别是游离铁、铝含量高的红壤、砖红壤。淋溶作用强的酸性岩成土、灰化土及有机土。

（2）北方土母质及黄河冲积物发育的土壤。

（3）硫酸根及铵、锰含量高的土壤，抑制作物对钼的吸收。

（4）种植敏感作物，较常见的敏感作物主要有十字花科、豆科的大豆等，其次是柑橘以及蔬菜作物中的叶菜类和黄瓜、番茄等。

（三）诊断

1.形态诊断

作物缺钼症状如上。典型症状如柑橘的黄斑病比较容易确诊，有些作物缺钼影响固氮酶、硝酸还原酶作用而表现与缺氮相似，需注意。

2.植株分析诊断

一般作物缺钼临界范围为：成熟叶含钼量 <0.21 毫克 / 千克。0.5～1.0 毫克 / 千克为生长正常。不同作物临界范围：甘蓝（叶）及柑橘（叶）<0.08 毫克 / 千克，大豆 <0.21 毫克 / 千克，棉花（初蕾期叶片）<0.5 毫克 / 千克。

3.土壤诊断

土壤有效钼含量，可以诊断作物缺钼状况。目前一般采用草酸铵溶液（pH3.3）提出的土壤有效钼，缺乏临界值为 <0.15 毫克 / 千克，0.16 毫克 / 千克为正常和足够。

4.酶学诊断

钼是硝酸还原酶的组成成分，在 NO^{3-} 到 NO^{2-} 的反应中，NO^{2-} 的生成量可以反映硝酸还原酶的活性。取样后立即测定酶的活性，再在加钼条件下培养 24 小时重测酶的活性，如酶活性增加，表示作物缺钼。

（四）防治

1.改善土壤环境

由于作物缺钼症通常发生在酸性土壤环境中，控制土壤酸化是预防的关键，合理减少磷肥用量，防止土壤速效性磷素含量过高，增加钾肥用量，提高土壤速效钾含量，达到土壤酸碱平衡是改善土壤环境的有效技术对策。

2.推行平衡施肥技术

平衡施肥技术是根据作物需肥、土壤供肥和肥料效应采取的因土因作物施肥，一方面可以促进作物长势，提高对微量元素养分的摄取吸收能力；另一方面可以控制和平抑土壤酸碱平衡，发挥土壤钼素的有效性。钼酸钠和钼酸铵是常用的钼肥品种，大豆作物适宜的施肥方法是拌种，每亩拌种用量

30～50 克即可，也可以选用含钼素的种衣剂拌种或用钼酸钠和钼酸铵 15～50 克兑到种衣剂中，需要注意的是必须先把钼肥化开后即兑即用，不可久存。

十三、关于有益元素

有益元素养分是指对某些作物生长发育有特别需要，但是又没有列入 16 种必需营养元素的养分元素。目前已经发现的有益元素包括硅、硒、钠、钴、镧系和镧系稀土等十几种元素对作物有促进生长、增强抗逆性、提高产量和品质等方面的作用。

硅是禾本科作物外层细胞壁的重要组成成分，硅素缺乏可导致茎秆和叶片软弱、抗病抗逆能力下降、缺少光泽等症状。肥效试验显示，砂质的酸性土壤、瘠薄耕地、中高产田长期不施有机肥的地块、一般碱性土壤和连续多年种植需硅量较大的禾本科作物的地块，土壤有效硅含量低、供肥能力下降，施用硅肥有增加产量、提高品质、增强抗病性和抗逆性的作用。其中需硅量大的老稻田使用效果最高，其次是水土流失重的坡岗瘠薄耕地。一般情况下，各种作物每公顷施用硅肥 380 ～ 530 千克为适宜量，通常做底肥施用，也可以做追肥。草木灰中含有大量的活性硅、钾元素，缺乏的地块可以考虑使用。

钠元素对向日葵、甜菜、烟草等作物是不可缺少的元素，对产量和品质都有显著的影响，甜菜缺乏含糖量降低，烟草缺乏色泽和品质下降。钠元素一般情况下不用施肥，特别需要的地块可以少量喷施。

硒是人体必需的元素，缺乏可导致某些病害的发生。例如，哈尔滨市山区以前发生的熟称"大骨节病"的地方病、克山县发生的"克山病"以及动物发生的"猪白痢"等都与缺硒有关。有研究显示，硒元素对防止大豆重迎茬有一定的作用，可以提高大豆的抗逆性。目前主要在水稻作物上使用亚硒酸钠液体作为肥料生产"富硒大米"，供人体补硒食用。一般在花期前后喷施。

稀土在农业上曾经广泛使用，主要用法是拌种和叶面喷施。

随着农业科技的发展和研究的深入，还将有更多的有益元素被发现和应用，但是，有益元素很多是重金属元素，一方面在缺乏时适量施用对作物有利，另一方面过量施用将导致作物中毒症状和农产品公害物质超标，因此，需要严格掌握施肥技术标准。

第三节 营养元素失调的复合症状问题

农作物营养失调的复合症状是由几种养分失调共同作用的结果。一般情况下，有三种情况，一是几种失调症状都能表现出来，形成一个复杂的综合症状。例如，大白菜氮、磷过剩，钙素缺乏的复合症状，其表观症状是整株生长繁茂、叶片暗绿褶皱，细胞肥大稀疏，新生叶片的叶尖边缘细胞的细胞壁很薄，稍遇土壤干旱则发生萎蔫，继而枯萎至焦枯。二是一种主要症状掩盖了其他次要症状的表现，形成表观上的一种症状。三是一种养分失调是以另一种症状的形式表现出来的症状。

第六章

玉米测土施肥技术与推广应用

自 20 世纪 80 年代我国开展测土施肥技术以后，各地针对测土施肥技术曾经进行过广泛的试验性研究和推广应用的尝试，虽然发展到 90 年代后测土施肥技术逐渐流于形式，但是也储存了大量的原始数据，为全面推广测土施肥积累了丰富的经验。2005 年，农业部重新启动测土施肥示范县项目，项目覆盖了粮食产区的主要县（市），为测土施肥技术全面开展推广创造了必要的机遇，使测土施肥技术顺利进行，免于再次流于形式，特将该项技术推广中的教训和经验编撰此文，希望能给读者提供一些有益的借鉴。本文是基于东北地区高寒黑土耕地状况展开讨论，侧重测土施肥技术在大面积推广应用层面的试验研究与推广应用方面的心得和认知，不当之处希望给予批评指正。

第一节 测土施肥技术基础

一、测土施肥技术的概念

（一）推广测土施肥技术的意义

在黑土地玉米作物目前的生产条件下，施肥尤其是化肥在粮食生产中，无论是生产成本和效益，还是维持粮食产量等方面都占据重要地位。根据试验研究，哈尔滨地区玉米作物化肥的增产率在 40% 左右，在诸项农业生产成本中，化肥的成本占总成本的一半左右。同时，目前农业生产中的各项增产技术发展进入到了相对稳定的瓶颈阶段，比如全面推广应用了高产品种，全面进行了化学除草，逐步建立了病虫害预防预警机制等，相对应的土壤、施肥技术目前是综合配套增产技术的薄弱环节，稳步提高科学施肥水平是促进当前阶段粮食生产发展的重要任务，也是诸项农业增产技术中增产潜力最高的农业技术之一。位于黑土地的黑龙江、吉林两省是我国粮食商品率最高的省份，粮食的商品率占全国的27%左右，占据举足轻重的地位。为此，黑土地上全面推行科学施肥技术对保证我国人民生活水平的稳步提高，促进相关行业的发展，确保我国粮食安全和稳固国际地位都具有重要的意义。

（二）测土施肥技术的概念

测土施肥技术也被称为配方施肥、平衡施肥、测土配方施肥、推荐施肥等，20世纪80年代初，在进行了多年引进消化的试验研究以后，专家给我国的测土施肥技术下了比较明确的定义：测土施肥是以肥料田间试验和土壤测试为基础，根据作物需肥规律、土壤供肥性能和肥料效应，在合理施用有机肥料的基础上，提出氮、磷、钾及中、微量元素等肥料的适宜施用品种、数量、施肥时期和施用方法。由定义看，测土施肥技术追求的是农作物在各个生育阶段养分需要与土壤养分供给、肥料养分补充供给之间在全生育期植株健康水平基础上的营养平衡。从测土施肥技术推广应用的角度来讲，所谓以田间试验和土壤测试为基础，土壤供肥性能和肥料效应，就是运用田间试验结合土壤养分测定的手段，寻找满足农作物整个生育期健康生长发育水平条件下土壤的供肥能力和化肥效应。通过多年不同土壤测定值水平的供肥能力、对应的化肥效应的数理统计分析，总结不同土壤养分测试水平下的农作物对养分的需要量、土壤养分的供应量和需要化肥补充的施肥量，田间试验与土壤测试部分的研究目的实际是为"提出氮、磷、钾及中、微量元素等肥料的适宜施用品种、数量、施肥时期和施用方法"，建立化肥配方施肥技术方案提供依据的过程。

二、测土施肥技术的基本方法

目前，我国测土施肥技术仍然采用"三个基本类型，六个基本方法"，简称"三类六法"。

三个基本类型为：地力分（区）级配方法、目标产量配方法和肥料效应函数配方法。

六个基本方法：地力分区配方类型的地力分（区）级配方法，目标产量配方方法类型的养分平衡方法和地力差减方法，函数效应配方法类型的多因子正交或回归法、养分丰缺指标法和氮、磷、钾比例法。

第一类 地力分（区）级配方法

结合当地种植区划和生产实际特点，利用土壤测试形成的养分分布图的结果，按土壤肥力高低分为若干等级或划出一个肥力均等的田片，作为一个配方单元区，应用现有田间试验成果，结合群众的实践经验，估算出这一配方单元区内比较适宜的肥料种类及其施用量。

地力分区是测土施肥技术推广应用的基本方法，在玉米实际生产中，不同区域的积温带、土壤类型、耕地类型对应用的品种类型、栽培技术、耕作技术起一定的决定作用，在土壤供肥能力、养分缺乏的元素种类、缺乏程度等土壤方面基本相同或相近，施肥技术的方式方法也基本相同，这就有了一定程度上施用一个施肥"配方"的科学依据。如果实施了施肥区域性规划，对分区的单元，可以采用大通用、小调整的方法制订推荐施肥方案，即：使区域单元使用一个通用的配料配方，在通用配方的基础上根据土壤养分测试对地块进行施肥养分配比和用量、用法的调整。

第二类 目标产量配方法

目标产量配方法是根据形成作物生物产量的养分量构成是由土壤和肥料两个方面供给养分原理来计算形成经济产量的施肥量配方，有两个基本方法。

1. 养分平衡法

以形成作物单位经济产量需要的养分量和目标产量为依据计算形成目标产量的养分需要量，以土壤养分测定值为依据计算土壤养分供应量。肥料需要量可按下列公式计算：

施肥量 =［（作物形成单位产量养分吸收量 × 目标产量）－（土壤养成测定值 × 换算常数 × 土壤养分利用系数）］/（肥料养分含量 × 肥料当季利用率）

注：（1）施肥量公式中作物形成单位产量养分吸收量 × 目标产量 = 作物形成目标产量的养分需要量。

（2）土壤养分测定值以毫克/千克表示，土壤养分修正系数以当地耕地土壤中作物根系主要分布的活土层深度和土壤容重为依据计算，范围在

0.10～0.20 之间。土壤养分利用系数以不施该种养分条件下的缺素施肥区处理产量的养分需要量除以土壤养分测定值和土壤修正系数的乘积。

玉米生产上使用养分平衡的方法至少需要解决两个问题。第一，土壤测试提供的数据必须能成为推荐施肥配方的依据。我们知道，在当前耕地土壤条件下，即使一个行政乡镇也有气象条件、土壤类型、耕地类型的差异，也存在着品种类型的差异。在存在显著差异的不同耕地土壤上，化肥利用率、土壤换算系数、土壤养分利用系数等施肥配方参数的变化趋势也同样有显著差异，需要获得每个类型参数的变化趋势，才能使测试数据成为配方的依据，实现全面推广测土施肥技术的目标。第二，结合生产实际推荐可行性强的可操作性施肥技术方案。受到耕地土壤理化性质、栽培方式和农机具专业等因素的限制，即使是同一个配方分区单元内，很多通过田间试验获得的参数也需要在实际推广中模拟矫正。例如，不同类型高产品种的栽培密度、目标产量和施肥量的问题，在正常项目操作中选择的品种类型和栽培密度是多年多点固定的要求，但是在生产实际中的紧束型品种要密植，坡岗耕地可能受到春旱的影响出现缺苗达不到标准的保苗株数。又如密植高产品种制定了较高的目标产量，需要增加施肥量，但是我们的耕地土壤瘠薄可能吸收不了那样多的化学肥料，强制施入可能产生肥害。我们的施肥机械达不到双层施肥的农艺要求，肥料箱可能装不下推荐的肥料量，从而失去了精准配方施肥的意义。这些田间试验与生产实际的误差应该在试验设计中考虑到，单靠模拟矫正试验并不一定有好的效果。

2. 地力差减法

作物在不施某种肥料养分的情况下所得的产量称为空白产量，它所吸收的该种养分视为全部取自土壤。从配方施肥获得的目标产量中减去空白田产量的产量增加部分，视为施肥所得的产量。按下列公式计算肥料需要量：

该种养分施肥量＝（处理区形成作物目标产量养分吸收量－空白区形成产量的养分吸收量）/ 肥料当季利用率

我们把这种方法的推荐施肥方式称为地力差减法，表面上地力差减法单凭地力评估而不需要土壤测试就能完成推荐配方和施肥的技术工作，但实际不然。地力空白产量的形成即使在一个配方单元区内也同样遵循最小养分律（下章讲解）的施肥基本规律，产量受最小养分限制，而目前"花花田"的种植形式已经造成了地块之间养分含量和供肥能力的不平衡消长局面，在形成空白产量吸收的各种土壤养分，对最小养分和缺乏的养分元素来说，吸收量要比正常低，空白产量这个施肥依据参数的使用还得靠土壤测试作为依据来评估完成，测土仍然是必要的程序。

相对于养分平衡法，地力差减法"模糊"了作物养分吸收和土壤供肥方面的参数，同经验方法推荐施肥有更多的相通之处，更容易为农民和基层科技推广技术人员所接受。为更为准确的配方需要，以单因素养分的土壤测试和空白产量形成相关关系指导施肥更有实用价值。此外，在耕地环境变化和地力变化较小的区域实施差减法效果好，而在气象因素变化大、耕地地形比较复杂的区域准确性较差。

第三类 肥料效应函数配方法

通过肥料田间对比设计或应用正交、回归等试验设计，进行多点田间试验，应用数理分析的手段建立施肥量与产量的函数关系，通过施肥函数的分析，选出最优施肥配方的方法。主要有以下三种方法：

1. 多因子正交、回归设计法

采用三因素或多因素多水平试验设计为基础，将不同处理得到的产量进行数量统计，求得产量与施肥量之间的函数关系方程式。根据方程式反映出来单因素和多因素配合施用的联应效果，计算经济施用量的多种养分配比组合施肥量的依据，根据当地生产实际情况选择施肥配方。

多因子正交、回归设计因为反馈的信息量大，多为田间试验所采用，"3414"试验方案即是 3 个因素，每个因素 4 个水平、14 个试验处理的多因子回归设计常见设计方法。通过对"3414"试验结果的回归分析，可以获得施肥量与产量之间的 3 元 2 次数学形式的肥料函数效应方程，方程的形式为：

$$y=a_1x_1^2+a_2x_2^2+a_3x_3^2+b_1x_1x_2+b_2x_2x_3+b_3x_1x_3+c$$

多因子回归设计的田间试验方法的优点和缺点一样明显。优点是：能客观地反映肥效各个因素之间的综合性效应和趋势性的变化，对单个试验点信息的反馈好、精度高，能根据田间试验获得较好的推荐施肥配方。缺点是：有区域的局限性，试验工作量大，年度间的重现性低，测土施肥的田间试验设计中无法加入地力或土壤测试因子。

在玉米测土施肥技术中，需要正确客观地应用多因子回归设计，应该尝试与其他配方方法结合应用，起到"扬长避短"的作用。首先，谈"扬长"问题。多因子回归设计对当年实地的肥效反映具有比其他试验设计更好的信息反馈能力，通过对数学函数式的计算，能够准确计算当年实地土壤养分含量情况下的地力空白产量，最高产量、最佳经济产量及其相应的推荐施肥量养分比例与用量的"配方"，再结合土壤测试、植株测试结果的计算，就能获得形成单位产量的养分吸收量、土壤换算系数、土壤养分利用系数、化肥利用率等系列参数，无疑地，由公式计算的三种产量的计算结果及其推演的施肥参数数据比常规试验设计获得的结果更为可靠，这是常规试验设计无可比拟的。其次，"避短"问题。多因子回归设计的局限性和重现性低的问题对任何试验设计都是实际存在的，测土施肥技术的田间试验与其说是试验研究，更多的是为推广提供数据依据。

2. 养分丰缺指标法

利用土壤养分测定值和作物吸收土壤养分之间存在的相关性，通过田间试验，把土壤测定值以一定的级差分等，建立不同土壤养分测定值水平与对应的产量、施肥量之间的相关关系，划分不同土壤养分含量的相对丰缺标准指标，按土壤养分测定值含量的丰缺指标和对应的施肥量，制成养分丰缺与施肥料数量检索表，对照检索表按级确定肥料施用量。

在玉米生产中，养分丰缺指标方法是一个较为实用的方法。

3. 氮、磷、钾养分比例配方法

通过试验设计和田间试验，以一种肥效相对稳定的养分为定量基础，应用各种养分之间的比例关系来决定其他养分的肥料用量。例如，以氮定磷、定钾，以磷定氮等。

三、测土施肥技术的基本原理

测土施肥技术遵循以下 5 项施肥规律。

（一）土壤养分归还学说

土壤养分归还学说也叫土壤养分补偿学说，是由 19 世纪德国化学家李比希根据前人和自己的大量试验总结，系统性地阐述了土壤养分平衡的原理和土壤养分补偿的观点。养分归还学说的提出为化肥施肥技术发展和化肥工业的发展奠定了基础，也为世界粮食产量的不断提高做出了巨大的贡献。在土壤养分补偿的问题上，李比希这样表述这一观点："土壤中储存的植物养分到底有多少可能谁也不能确切地说出来，但只有傻子才会相信它是取之不尽、用之不竭的"，"不补充有效养分，由于每年取走养分而造成土地产量降低，按每年来说，虽然不是个很大的问题，但很清楚的是总有一天对的、该土地所投入的劳动无报酬的界限要到来"。土壤养分归还学说概括来说：由于人类在土地上种植并把产物拿走，产物中携带了相应的养分，这样就必然使地力下降，从而使土壤中的养分越来越少，地力产量降低。因此，要恢复地力，就必须把从土壤中拿走的所有养分归还给土壤，为保持产量就应该向土壤施用灰分，也就是要向土壤施用矿质养分。

　　土壤养分补偿的形式多种多样，主要形式还是施肥。我国传统农业生产时期，补偿的肥料主要是有机肥和矿质肥料，耕地开垦熟化以后，作物从土壤中带走的养分与有机肥、矿质肥料归还的养分，长期保持在低水平的平衡循环状态。自20世纪80年代以来，随着高产品种的推广和高产栽培技术的进步，粮食产量大幅度提高，作物从土壤吸收带走的养分量也大幅度地增加，而伴随农业机械发展带来的耕作技术的改变，役畜和家庭养殖方式由千家万户逐渐向养殖厂、养殖户集中，有机肥源在数量上锐减，来源也由千家万户的"肥水不流外人田"的方式向以化肥归还方式转变，长期以来耕地依赖有机肥归还土壤养分的格局全面崩溃，传统农业的养分吸收与归还的平衡被打破，耕地土壤养分出现不均衡的消长。目前，黑土地区旱作耕地采用"以化肥归还为主、多种形式的秸秆还田和有机肥为辅"的养分归还形式。氮素养分在高施肥量区域的耕地上处于土壤养分供需平衡且略有盈余的状态，施肥量较低的平洼地和水土流失的坡岗耕地，仍然处于亏蚀状态；磷素养分则大部分处于土壤盈余状态；钾素养分绝大部分处于大量亏蚀状态。由于有机肥归还方式只在少部分耕地上应用，绝大部分微量元素处于亏蚀状态。

　　（二）报酬递减律

　　经济学家杜尔格、安德森根据18世纪后期工业生产的研究提出了报酬递减律，先后应用于工业和经济领域，以后被应用到了农业生产中。报酬递减律在农业生产上可以这样说明：从土地上获得的报酬是随着往这块土地投入（包括劳动力投入和物质、能量投入）的提高而增大，但是随着投入递增到一定程度后，获得的报酬却在逐渐减少。应用到测土施肥技术上，指在其他配套农业生产技术条件相对稳定的前提下，随着施肥量逐渐增加到一定限度后，作物产量（或收益）出现不增产反而减产的现象。

报酬递减律在单因素上的数学关系表现为抛物线形式，它是考察农业生产技术水平的重要理论依据，灵活运用这一原理可以科学地对很多单项技术进行量化分析。单因素的报酬递减律的公式表达为：

$$Y=ax^2+bx+c$$

式中：Y 为施肥后获得的产量，x 为施肥量，a、b、c 为系数，$a<0$。

在以测土施肥技术的施肥量单因素田间试验设计中，通过对每个试验点试验结果形成的施肥量与产量回归函数方程的分析，可以清楚地获得试验田间试验生产条件下的最高产量、最高产量的养分施用量，计算施肥成本基础上，也可获得最佳经济产量、最佳经济产量上的最佳养分施用量，这些数据能够成为测土施肥技术推荐施肥"配方"的直接数据依据。在其他配方施肥方法上，通过对函数方程的分析，也能获得空白产量、目标产量、相对产量以及对应的施肥量等施肥参考数据，从而推导出化肥利用率、土壤养分利用系数等施肥技术参数，为测土施肥技术做积累数据储备。同时，应该十分明确的问题是，报酬递减律是施肥技术中的客观规律，反映的是施肥与产量的关系，但是，在植物养分营养层面上，植物需要的养分由土壤养分和肥料养分供应，而肥料养分亦是通过土壤起作用，这就涉及两个问题，一是耕地肥沃，土壤养分供应充足的时候这种规律性反映不明显，只有耕地养分缺乏时才有限制的表现。二是土壤中或施肥上对农作物营养相对缺乏的养分有明显表现，而不缺乏的养分效果不明显。举例来说：20世纪80年代初期，正是我国传统农业向现代农业转变的时期，在当时的农业生产品种、栽培技术条件下，黑土地区的土壤钾素丰富、氮素中等、磷素达到缺乏或十分缺乏的水平，施用化肥"磷酸二铵"的增产效果非常明显，一度掀起应用"磷酸二铵"的热潮。因为大部分土地土壤缺磷，针对磷肥形成的报酬递减规律十分明显，氮肥次之，钾肥无效。但是，近些年来，随着高产品种的普遍应用、栽培技术的不断进步以及黑土地区耕地的退化，中低产田面积比例大幅度上升，氮、钾肥在中低产田都呈现出了明显的报酬递减律，高产田也有部分耕地在钾肥上呈现效果，而磷肥由于长期的化肥补偿，原来十分明显的报酬递减在大部分耕地上递减趋势趋缓，相当一部分耕地已经呈现不出报酬递减的趋势。因此，从全面推广测土施肥技术的角度考虑，报酬递减律的使用需要考虑到不同地力等级水平的土壤养分情况。

（三）最小养分律

德国化学家李比希在提出土壤养分归还学说以后，又提出了最小养分律的观点。最小养分律的概念是：作物生长发育需要吸收各种养分，但严重影响作物生长、限制作物产量的是土壤中那种相对含量最少的养分，如果不增加这个最少养分，即使其他养分再高，作物产量也难以再提高。为使这一观点形象化，人们常以木桶盛水量进行图解，贮水桶由多个木板组成，如果每一个木板代表着作物生长发育所需一种养分，木桶盛水量取决于最短木板的高度。应用在测土施肥技术上，可以根据当地生产实际确定每种土壤养分含量的缺乏指标。

在农业实际生产中，最小养分也是随着生产技术措施和土壤环境条件的变化而发生相应的变化。应该注意两个层面的问题。第一，土壤养分含量并不是决定养分丰缺的唯一依据，某种土壤养分丰缺与否还取决于土壤水分、土壤温度、土壤物理性质、化学性质和离子代换能力等因素。以土壤速效磷（P_2O_5）含量为例，多年田间试验研究证实，在常规技术措施生产条件下，黑土类耕地土壤速效磷含量一般达到 40~70 毫克/千克的范围内完全能够满足玉米生长发育的需要，但是，如果春季遭遇干旱低温的情况下，即使速效磷含量高于 100 毫克/千克的水平，植株仍然呈现不同程度的缺磷症状，症状随着气温升高和雨季的来临逐渐缓解消失，说明土壤温度和湿度对磷素有效性能够造成直接影响。另外，玉米是对锌元素敏感的作物，黑土地区玉米缺锌症状通常出现在春季低温、干旱的年份，土壤质地黏重的低洼地形耕地、有返盐返碱现象的盐碱耕地、碳酸盐黑钙土耕地以及磷肥施用量大的坡岗瘠薄耕地类型上容易发生由缺锌引发的玉米白苗病。第二，李比希的最小养分律在数学上的表述为：

$Y=a+bx$

Y 为施肥以后获得的产量，x 为施肥量，a、b 为回归系数。

从表达式可以看出，最小养分律表述的产量与施肥量之间的关系为直线，意味着随着施肥量的增加，产量可以无限增高。而生产实际中随着施肥量的逐渐增高，必然会出现报酬递减的问题，由此看来，最小养分律应该理解成为一个相对的概念，应该根据实地具体生产情况和耕地土壤条件灵活运用。

（四）必需养分不可替代律

农作物必需的养分元素达到 16 种以上，都参与作物的生理、生化作用，具有相应的功能，相互之间不能替代，是缺一不可的平衡需要格局。同时，每个必需营养元素都遵循最小养分律规则，很多微量元素养分虽然吸收量极少，但与大量元素具有同等的地位和不可替代的作用，忽视了微量元素养分缺乏问题，往往导致重大的损失。我国南部油菜缺硼造成的"花而不实"和黑龙江省部分区域小麦缺硼不结实导致大面积绝产的现象都是微量元素缺乏引起的惨痛教训。

也必须看到，由于作物需求吸收的影响，在土壤和化肥养分供给不平衡的状况下，受到土壤养分之间激发效应、拮抗作用和土壤浓度、水分、温度等因素的影响，某种土壤养分缺乏程度不完全取决于土壤养分含量高低。如果在激发效应等正效应因素的影响下，可能使应该缺乏的养分供肥性能得到大幅度提高，但是，这并不意味着其他养分因素替代了这个养分，激发效应只是促进养分的转化和供给能力的提高，这种"替代"只能导致土壤这种养分更为缺乏，直致耗竭。例如，对土壤施用了较多的氮肥和钾肥的情况下，即使在土壤磷素含量较低的情况下，也会呈现比较显著的增产作用；当然，在土壤干旱、土壤浓度增高、拮抗养分施肥量过多和低温的负效应影响下，一些养分含量很高、供肥能力很强的土壤也会表现出养分缺乏的症状。例如，在玉米苗期遭遇低温干旱的情况下，低洼耕地和坡岗耕地即使在施用了较多磷肥的情况下也会出现缺磷症状。因此，在实际生产中的必需元素不可替代律通常是指最少养分而言，同时需要正确估计由于养分的激发效应和拮抗效应引起的误导。从土壤培肥和可持续利用的角度，应该通过养分比例和施肥量的控制，创造土壤养分平衡的土壤环境条件。

（五）因子综合作用律

农作物产量形成是气候因子、土壤环境因子和农业生产因子等多种因子共同作用的结果，各种因子相互影响、相互作用，单一因子发挥的效果是在其他因子共同作用的基础上产生的效果，在这些因子中，必然有一个因子是起主导作用的限制因素，作物的产量主要受这个因子的制约，这就是因子综合作用律的核心内容。对于测土施肥技术来说，就是把土壤养分供应和施肥技术视为起主导作用的限制因子，施肥技术意义上的综合因子作用律反映了农业生产的综合因子与肥料效应的关系。科学运用这一规律，对提高推广应用节本、增效的施肥技术和农业生产的可持续发展都有重要的意义。在玉米生产的具体应用中，需要注意这样几种对肥料效应有很大影响的因子：

1. 施肥时期、施肥方法对肥效产生影响

农作物对养分的需要有两个关键时期，即苗期的离乳期和拔节前后需要养分最大的时期。这两个时期"拖肥"对作物生育有很大的不利影响，因此，保证这两个时期不拖肥是提高肥效的关键，也是掌握施肥技术时期的基本依据。施肥时期，解决离乳期主要靠底肥，如果生产中有应用条件，配合种肥和口肥有助于发挥肥效。拔节时期主要考虑追肥，施肥时间为拔节前4~7天；施肥方法是提高化肥利用率的关键措施，要根据当地玉米生产实际情况确定。底肥的农艺要求种肥隔离7~10厘米，适宜采用深施肥的破垄夹肥，在活土层深厚的耕地可以考虑双层施肥的方法，遇到干旱、冷凉等不利的土壤环境条件，应该考虑使用磷肥拌种或选择含磷、含锌种衣剂拌种缓解苗期出现的缺磷症状。追肥的农艺要求是做好隔离和覆盖，无论是人工穴施肥还是机械开沟施肥，肥料与根部的距离都要达到7~10厘米，肥料覆盖3厘米以上。

在生产中，如果常规施肥技术没有条件满足底肥和追肥基本的农艺要求，那么就需要在田间试验和以后的推荐施肥配方中采用贴近生产实际的施肥方法设计试验、推荐的施肥方法，便于对肥料效应做出准确的评估。

2. 栽培技术对肥效产生影响

测土施肥技术是基于栽培技术建立起来的，栽培技术必然会形成对施肥技术的影响，不能忽视栽培措施包括品种的生物学特性、种植密度和保苗株数、轮作制度等。不同的品种特性决定了玉米的最高产量和需肥量的不同，同样地，不同的种植密度和保苗株数对养分的需要量也不相同，轮作制度则对土壤养分平衡和养分含量、养分的有效性产生影响。因此，试验的田间设计和计算推荐施肥配方的肥效参数一定要考虑栽培技术因素。以品种需肥特点为例，适合密植的高产品种一般都有较高的目标产量，相对地比中低产品种需要更多的养分和肥料用量，施肥的肥效反映多数情况下呈现了显著的差异。

3. 交互作用对肥效产生影响

我们把一种养分肥料的增产作用随着其他养分施用量的变化而发生相应

变化的现象称为连应，也就是交互作用。把两种或两种以上的养分肥料同时使用使产生的肥效大于每种肥料单独使用的增产效益之和的现象称为正交互作用，反之称为负交互作用，不发生相互影响的称为没有交互作用。

玉米的交互作用与土壤养分含量和施肥的养分比例、用量有关。生产中，土壤养分含量低、供肥能力差的耕地土壤氮、磷、钾之间和氮、磷之间的正交互作用比较大，而氮、钾之间的交互作用要小得多。磷与敏感的微量元素锌之间在高肥力土壤上表现不明显，在中低产田耕地土壤上通常表现为负交互作用。

4. 土壤养分含量、供肥能力高低对肥效产生影响

对一个其他条件基本一致而土壤养分含量有高低差别的区域来说，土壤供肥能力的多少与土壤养分含量正相关，土壤养分含量越高则土壤供肥能力越强。施肥的效果则与土壤供肥能力相反，土壤养分含量越高、供肥能力越强的土壤则肥效越低。在生产实际应用中，测土施肥技术要把握好这一影响，当肥效降低到一定程度，不能表现出显著增产效果的情况下，那种土壤的测试值水平是判断土壤养分丰缺的关键点，即在这一区域或同类区域的土壤测试值达到或者超过这个测试水平的地块都可以判断为丰富，施肥采用一个能保持土壤养分含量不下降水平的施肥量推荐配方，而不必在按照测试值划分新的配方量。

5. 生长发育时期的环境因素对肥效产生影响

气象因素对土壤环境的影响都能够被人们认识，土壤环境带给施肥效应的影响也是测土施肥技术必须考虑的重点问题。在对玉米作物施肥肥效影响大的土壤环境因素中，土壤障碍层次、土壤物理性质、土壤水分和土壤温度都是几个重要的因素。土壤障碍层次来自于土壤种类特性和人为耕作形成的不良后果，像白浆土类土壤自然存在紧实细密的白浆层，玉米根系无法透过，阻碍了土壤时分、养分在纵向的运行，这就大大减少了土壤养分库，使作物不耐旱涝，抗御自然灾害的能力大幅度下降。由于小型农用耕作机械的普及，作业次数增加，耕地犁底层逐渐增厚变硬，形成了人为的耕作障碍层次，同样降低了土壤的供肥能力。土壤存在障碍层次对施肥效果有极大的影响，使土壤对养分的吸附能力下降，肥料施肥深度不足，干旱情况下造成土壤养分浓度过高，容易产生烧根的肥害等现象。干旱和低温还影响土壤磷养分和磷

肥的施用效果，产生阶段性的缺磷症状，干扰对土壤磷养分丰缺程度的判断。

因子综合作用律同最小养分律原理一样，都突破了养分的界限，扩展到了粮食生产产量形成中所有因子之间的平衡，强调优先提升对粮食产量影响最大的限制因子，才是推动粮食生产整体发展最为节本增效的技术应该采用的策略。根据调查统计，在本地区玉米作物的多项生产增产技术措施中，施肥技术的作用占 35%~55%，品种占 18%~23%，机械化占 10%~20%，其他占 30% 左右，施肥的作用最高。这也从侧面反映出了两个问题，一方面说明耕地质量退化，土壤养分缺乏，供应能力不足，施肥效果高。另一方面则反映出在施肥技术在与其他诸如作物品种应用、栽培技术、耕作技术、植保技术以及土壤培肥技术等生产技术的配合中，施肥技术本身的水平低下，是影响粮食产量的限制因子。

第二节　测土施肥技术的区域布局规划

目前，我们的农业生产水平被称为"雨养"农业，也就是说，农业环境因素对农业生产仍然起决定性作用。测土施肥技术是以土壤和植株测试结果作为施肥的依据，寻找到土壤养分、肥料养分对产量作用的量化关系是必须解决的问题。然而，面对由于长期"包产到户"形成的"花花田"的复杂耕地土壤肥力形势，建立土壤—肥料—产量三者之间的关联，就要在这众多影响因素中，尽量减少或排除干扰因素的影响，使田间试验和调查数据的统计分析符合"单一因子差异"的试验原则，让三者的关联形成量化的数据，并利用这种量化的关系指导推荐施肥。减少或排除干扰因素的主要可行途径就是实施施肥的区域规划，把人为不能控制的气候、土壤和生产因子按同类同级的原则划分成若干区域，在一个区域内只存在土壤养分含量的差异，每个区域形成独立的测土施肥技术体系，这就是区域性规划的宗旨，有人也把这种区域称为分区施肥。

一、施肥技术区域性规划布局的意义

（一）合理布局田间试验减少干扰因素

土壤测试数据是施肥配方的主要依据，但在一般情况下，不同的积温带、降雨量、土壤类型、耕地类型和不同熟期的品种、栽培技术的发表方式方法、耕作机械以及耕作方法等所反映的肥料效应规律和土壤供肥规律有显著差异，区域化的作用就是把这些因素进行分区归类，便于在环境条件和生产技术条件相同或基本相同的区域内，分不同的土壤测试值水平合理布置田间试验点次，从中寻找产量、施肥量和土壤测试数据之间的相关关系，分析出科学可靠的施肥参数数据。盲目布置田间试验点，干扰因素过多过于复杂，获得的试验分析结果是不可靠的，也就失去了土壤测试数据作为配方依据的可行条件。

（二）完善农业技术专家咨询服务系统

农业技术专家咨询服务系统是集合了品种、栽培、施肥、植保、耕作技术等多项综合增产技术优化组合的标准化技术服务系统，系统也同样是在种植业区域性规划管理的基础上建立健全、逐步完善的，虽然系统的区域性规划更多强调积温带划分、降雨量分布等气候因素和品种、栽培技术等生产技术与生产管理因素作为划分依据，作为测土施肥技术本身就是系统的重要组成部分，对系统的完善起到举足轻重的作用，同时，施肥区域性规划并无相悖之处，相反，在很多方面是对系统区域性规划管理的细化和科学的完善补充。

（三）利于"配方专用肥"等肥料的推广

配方肥料作为测土施肥技术的物化载体，是按土壤测试结果配置的实地专用肥料，使用时需要配套针对实地特点制订相应的施肥用量、施肥方法。只有经过了区域性规划，通过田间试验和生产检验后，才能形成比较精确的配方专用肥"配方"和"推荐施肥量、施肥方法"等施肥技术方案，也才能在生产实际应用中发挥最佳的效果。未经过区域性规划获得配方和高产经验配方和相应的配套施肥技术方法，虽然也能在生产中通过调整肥料养分比例、用量、用法，改善常规施肥技术的弊端，取得增产增收的肥料效果，但是缺少科学可靠的施肥依据，往往达不到最佳的施肥增产效果。

（四）施肥技术指导

区域性规划的施肥技术培训和施肥技术指导，能够在把握每个区域的气候、土壤环境、生产技术水平的特点情况下，按照土壤测试结果进行有依据的配方、配肥和施肥技术方法的体系性指导，可以为众多基层技术人员和广大农民群众认知接受，可以动员更多的技术人员和农民技术员参与施肥技术的培训与指导，避免了土肥技术人员不足的问题。

（五）创造地区间的技术合作基础

测土施肥技术的田间试验及其施肥"配方""配肥"技术的形成是一项浩大的工程，是依靠多年多点积累分析数据、不断修正数据的艰苦过程。时间长，田间试验和施肥调查点次多方能积累足够可靠的分析数据，形成可靠的结果，依靠一个县（市）的力量要在不同作物、不同气候条件、不同土壤类型条件和不同耕地类型等诸多复杂情况下，在短时间内形成科学完善的技术体系并进行全面的推广是不可能的，要完成这样的工作必须进行横向和纵向的多单位合作，实施区域性规划是合作的必要基础。只有实施了统一的区域性规划，才有可能形成数据共享、互通有无，否则只以一个单位的人力、财力、物力全面开展这项工作的话，只能使测土施肥技术再次流于形式。以玉米种植品种为例，如果把气候因素的降雨量、土壤因素的土壤类型和耕地类型相同地区的几个技术地区间的单位形成技术联合体，就有能形成分工合作的局面，其中积温高的区域主要试验研究生育期长的高产品种，积温低的区域主要试验研究中低产品种，互通互用田间试验和调查数据成果，这样几个单位的联合就能弥补试验点次不足、工作量过多过大、头绪繁杂的问题。

二、制订区域规划的依据

测土施肥技术是一项系统的工程，包括田间试验、土壤测试、形成施肥配方、配置肥料、施肥方式方法的培训与技术指导等一系列工作程序。区域性规划需要统筹兼顾每个程序的内容，根据需要规划区域乃至形成多阶位的区域，从技术层面最根本的要求出发，区域性规划应该以"田间试验中能够形成单一因子差异"的基本要求为最高基本原则。为此，区域性规划要根据实地情况，确定依据项目和划分指标。基本指标项目为：

（一）常年活动积温、年降雨量项目

常年活动积温是指当地气候条件下大于或等于10℃的积温总和，能够大体反映出玉米生育期内的有效积温状况。通常，活动积温具备区域性分布的特点，是决定应用品种的熟期和能够形成品种的目标产量的重要依据；年降雨量具备区域性分布的特点，具有当地的气候特征，受光照影响同时与积温状况密切相关，对土壤水分含量和土壤养分供应能力有直接的影响。常年活动积温和常年降雨量都是玉米生产适宜区规划和当地玉米产量的决定性因素，一般作为种植业结构区划的主要指标，也是施肥技术区域性规划的必要划分根据。

（二）土壤类型、耕地类型

不同的土壤类型、耕地类型的土壤理化性质不同，土壤的供肥性能也有差异，具有不同的施肥效应变化趋势。土壤类型，黑土类型、砂土类型和草

甸土类型比较，一般情况下，草甸土类型土壤相对冷凉黏重，砂土类型通透性好，黑土类型居中。草甸土类型土壤养分含量相对较高而供肥能力不足，砂土类型土壤养分含量低而供肥能力强，同等水平的土壤养分测试值在黑土类上如果表现适宜，而在草甸土类型上可能表现缺乏，在砂土类型上表现丰富。耕地类型这里指以地形地貌为主要划分标准的耕地类型，一般划分有坡地、岗地、平地、洼地等类型，坡地、岗地受到长期水土流失的影响，活土层浅，质地黏重，养分贫乏，而洼地土壤黏重冷凉，养分含量高供肥能力却低。土壤类型与耕地类型在分布上一般是相互交叠存在，是施肥区域性规划的必需项目。

（三）不同的常规玉米生产技术模式

在玉米生产中，不同地区之间的常规技术有的存在生产技术上的差异，有些技术差异足以影响施肥效应和土壤养分供肥能力，如轮作制度、耕作制度体系、玉米品种类型选择和肥料使用方法等。测土施肥技术建立在与常规生产技术配套的基础上，常规生产技术不同意味着测土施肥需要不同的施肥技术参数。因此，能够对施肥效应产生显著影响的生产技术因素也必须作为区域性规划的依据。

三、施肥区域性规划的结构与应用

（一）区域性规划结构

在"田间试验中能够形成单一因子差异"的原则下，按照区域性规划的依据条件，根据土壤普查成果并结合实地调查，对施肥技术进行分级区域性规划。规划实施按照气候类型控制土壤耕地类，气候和土壤耕地类型控制常规生产技术差别的等级划分结构方法进行。

第一，按积温带和降雨量分布形成的气候区划出不同的气候区类型，举例如下：

活动积温 2600~2700℃年降雨量小于 400 毫米气候区

活动积温 2600~2700℃年降雨量 400~500 毫米气候区

活动积温 2600~2700℃年降雨量 500~600 毫米气候区

活动积温 2600~2700℃年降雨量高于 600 毫米气候区

......

活动积温 2100~2200℃年降雨量小于 400 毫米气候区

活动积温 2100~2200℃年降雨量 400~500 毫米气候区

活动积温 2100~2200℃年降雨量 500~600 毫米气候区

活动积温 2100~2200℃年降雨量高于 600 毫米气候区

第二，在气候区区划的基础上，在每个气候区按土壤耕地类型进一步划分，形成自然环境区域。举例如下：

活动积温 2600~2700℃年降雨量 500~600 毫米黑土类坡岗地施肥区

活动积温 2600~2700℃年降雨量 500~600 毫米黑土类平地施肥区

活动积温 2600~2700℃年降雨量 500~600 毫米黑土类洼地施肥区

活动积温 2600~2700℃年降雨量 500~600 毫米白浆土类坡岗地施肥区

活动积温 2600~2700℃年降雨量 500~600 毫米白浆土类平地施肥区

活动积温 2600~2700℃年降雨量 500~600 毫米白浆土类洼地施肥区

……

第三，自然环境区域控制下按常规生产技术类型再进一步划分，形成施肥配方区域。举例如下：

活动积温 2600~2700℃年降雨量 500~600 毫米黑土类坡岗地、玉米—玉米—杂粮轮作制度＋小型机械春整地加一铲两耥耕作＋底肥加一次追肥施肥方法施肥配方区

活动积温 2600~2700℃年降雨量 500~600 毫米黑土类坡岗地、玉米—玉米—大豆轮作制度＋小型机械秋整地加一铲两耥耕作＋底肥加一次追肥施肥方法施肥配方区

活动积温 2600~2700℃年降雨量 500~600 毫米黑土类坡岗地、玉米—大豆（杂粮）轮作制度＋小型机械春整地加一铲两耥耕作＋底肥加一次追肥施肥方法施肥配方区

活动积温 2600~2700℃年降雨量 500~600 毫米黑土类坡岗地、玉米—大豆（杂粮）轮作制度＋小型机械春整地加一铲两耥耕作＋底肥一次施入不追肥施肥方法施肥配方区

……

第四，并类整理形成施肥区域性规划。根据以往土壤肥料田间试验反映的土壤养分供应能力和反映肥料效应变化趋势情况，把类型相近的施肥区合

并成同类区，形成类型区为单位的施肥技术区域性规划图。

（二）规划区域的玉米标准化生产施肥技术

玉米标准化生产技术是综合农业增产技术的优化组合，以往在标准化生产技术中施肥技术普遍采用了以增效为基础的高产施肥技术配方，存在很多不科学的地方。例如，磷肥的使用问题，由于黑土带处在高寒地区，土壤春季常年多为干旱冷凉条件，磷肥在土壤中移动范围小，即使使用了较多的磷肥也有缺磷症状出现，加大磷肥用量虽然对苗情起到一定的缓解作用，但却造成化肥利用率低下、成本提高、效益下降的情况，长期大量施用，还会出现土壤磷的富集。1982 年至 1985 年，哈尔滨地区耕地速效磷的平均含量仅为 20 毫克 / 千克上下，有六成以上的耕地缺磷，其中一半的耕地为极缺乏水平，但到 2002 年至 2005 年，20 年间就有八成以上的耕地面积土壤速效性磷含量上升到丰富级别以上的水平。然而，即使这样，玉米在 5~6 月的苗期缺磷症状仍然存在，大量施用磷肥仍然具有显著的增产效果；到了 7 月，随着季节的变化，气温增高、降雨量增多，土壤温湿度提高以后，缺磷症状迅速缓解。可见，实际生产中的缺磷是施肥方法问题，探讨科学使用磷肥是测土施肥技术应该正视的技术问题。再如土壤钾缺乏和钾肥施用技术，玉米对钾的吸收量变化很大，土壤速效性钾含量高，大量施用钾肥都能促进玉米对钾的吸收。据田间试验测算，每形成 100 千克玉米籽实在成熟期地上部生物产量中钾的含量变化幅度为 1.84~2.98 千克。其中，无钾处理和土壤速效性钾含量低的地块吸收的钾量多数处于较低水平，而钾肥施用量高的处理和土壤速效性钾含量高的地块吸收的钾量一般比较高。黑土带耕地全钾含量丰富，但钾的有效性不高，矿化速度慢，尤其在低温和干旱条件下如果土壤速效性钾含量低，通常施用钾肥有显著的增产效果，而在温度适宜、雨水调和的年份一般施钾肥的效果比较低。标准化生产技术中的高产施肥技术对于肥料的使用一般采用就高不就低的通用办法，虽然有普遍的增产作用，但是对土壤养分平衡是一种破坏作用，无形增高了肥料成本，降低了生产效益。

组合测土施肥技术的玉米标准化生产技术应该考虑施肥区域性规划的作用，在区划的基础上，充分考虑生产技术与测土施肥的科学施肥方法和施肥量、养分比例的结合。例如，锌肥、磷肥与种衣剂拌种技术的结合，磷肥底肥与种肥、口肥技术的结合，氮肥的缓释技术与耕作技术的结合等，如此能够发挥测土施肥技术的增产、耕地肥力保持等应具备的作用。

第三节 玉米测土施肥技术的田间试验与土壤养分测试

一、测土施肥技术的田间试验

（一）做好综合调查，摸清试验基础

前文已经阐述，测土施肥技术的田间试验与其他农业技术试验有所不同，为了排除试验干扰因素，试验数据的分析必须是在气候、土壤类型、耕地类型和常规生产栽培技术条件基本一致条件下的数据集合。综合调查就是利用现有的资料，初步划分施肥区域性规划分布图形，掌握田间试验耕地的基础情况。资料包括土壤普查资料、航测资料、以往田间试验资料、农户调查资料、种植业规划和玉米适宜区区划等，把资料按照区域性规划要求进行整理，按照种植业区划和施肥区域性规划形成初步的施肥区域性规划。在布置田间试验时，根据调查结果和土壤测试情况，判断入选试验点在每个区域所处水平的位置，便于在整体试验中拉开土壤养分不同水平的档次，为以后试验分析打好基础。

1. 气候分布情况

积温的分布在一个大的区域面上是个渐变的过程，已经以积温带的形式划分出来，常年降雨量也随着地理位置的变化而发生变化，各地气象部门都有详细的可考资料。根据测土施肥技术分区的需要，可以沿用原来的积温分区和雨量分区，也可以按照测土施肥技术分区的需要参照修订分区。

2. 耕地类型、土壤类型和土壤养分含量情况

在我国第二次土壤普查成果中，土壤类型的分布情况一般都有明确的记载。耕地类型在国家测土施肥技术的方案中明确地划分类型，结合当地的自然地形地势划分。土壤养分含量分布指氮、磷、钾、锌等主要养分的分布情况。

3. 种植业区划和常规栽培技术情况

种植业区划在我国已经进行了多年，相关资料翔实丰富，主要提供测土施肥技术区划需要的比如轮作制度、自然气象等资料。常规栽培技术明

显有区域性分布的特点，主要取决于种植品种等因素长期形成的栽培管理习惯做法。

（二）试验目的明确，试验方案合理

施肥区域性规划以后，对每个区域的基本情况已经有了一定的了解，对田间试验需要采用的配套常规栽培技术、植保措施、耕作技术作业等有了初步的设想方案，经过土壤测试和以往田间试验、农户生产情况调查，也能掌握区域里土壤养分状况的缺乏种类、含量变化状况，具备了设计田间试验方案的基本要求。根据施肥区域的具体情况，设计田间试验方案重要的是确定在该区采用哪种测土施肥配方方法。选择测土施肥方法，一般情况下要根据区域内耕地地力的均匀程度考虑不同的设计方案。第一，对比较均匀的区域，可以选择相对简单的方法。比如地力分级、地力差减法、氮磷钾比例方法等，这些方法的试验设计中，只选1~2个土壤养分限制因子为试验主要因素，布置不同施肥量水平试验，试验要设计简单、点次多、覆盖面大，形成统计大样本，找出主要限制因子的显著回归作为配方依据。例如，黑龙江省第三积温带平地厚层黑土类区域，区域内耕地土壤退化程度低，土壤钾含量丰富，很少出现缺锌，目前增加磷肥使用量的增产效果不明显，设计中选氮肥作为主要试验目标、磷肥作为次要目标，布置2因素3~4水平的设计，钾肥和锌肥可以忽略。试验因素水平设计上，低、中、高水平尽量依次等量递增，低、中水平不需要考虑生产实际，高水平施肥量要达到高肥力试验点需要呈现的报酬递减趋势。第二，在区域内耕地地力比较复杂的情况下，则必须选择多因素多水平的设计方法。如"3414"设计方法，由于地力情况复杂，田间试验点的选择十分重要，重点是不同水平的地力和同一养分不同土壤养分含量水平要拉开档次。在施肥量水平的设计上，养分肥料的设计高水平施肥量在土壤测试的养分高含量点要达到报酬递减的程度，同时注意施肥方法尽量与生产实际吻合，田间试验中的保苗株数与生产上实际栽培的保苗株数相当。例如，黑龙江省第二积温带丘陵坡岗耕地区域，由于长期水土流失和小型机械耕作，土壤退化十分严重，分户经营的方式每家每户的轮作、施肥水平不同，形成了地与地之间地力和土壤各个养分含量非常不平衡的局面，在这样的区域布置单因素试验和常规平衡施肥试验设计都缺乏科学性，很难形成数理统计上有意义的显著结果。试验必须选择全营养、多因素、多水平施肥设计。

1.测土施肥技术的常规设计

测土施肥技术田间试验的常规试验设计来源于平衡施肥技术（配方施肥技术）的引进与改良，初期的设计为三因素一个水平 7 个试验处理，重点考察土壤养分和肥料效应问题，可以推演出地力差减法和养分平衡法的参数，基本处理为：

处理 1：ck（不施肥空白对照区）

处理 2：N

处理 3：P

处理 4：K

处理 5：NP

处理 6：NK

处理 7：PK

处理 8：NPK

由于试验设计基于传统农业向现在农业生产的过渡时期，在普遍推广了高产品种和化肥用量大幅度提高以后，使用单元素处理已经没有实际意义，试验设计简化为 5 个处理，目前的平衡施肥试验多采用这个设计为基本框架，处理为：

处理 1：ck（不施肥空白对照区）

处理 2：NP

处理 3：NK

处理 4：PK

处理 5：NPK

常规试验中的 ck（不施肥空白对照区）处理是不使用任何肥料的处理，N、P、K 的施肥量均使用当地最佳施肥量。常规试验设计处理少、单点定性直观，但需要大量的试验点和多年份的试验累积结果才能形成实用可靠的施肥参数。

地力差减法的参数：地力差减法需要每种养分的形成单位经济产量养分吸收量和化肥利用率两个参数。

形成单位经济产量的养分吸收量（千克 /100 千克）=（秸秆产量 × 秸

秆养分含量＋籽实产量 × 籽实养分含量）/100

氮肥利用率（%）＝（形成目标产量的养分吸收量—形成空白产量的养分吸收量）/化肥养分的施用量 × 100

养分平衡法的参数：养分平衡方法涉及 5 个参数，包括作物形成单位产量养分吸收量、目标产量、土壤重量换算常数、土壤养分利用系数、肥料当季利用率，其中，土壤重量换算常数在玉米作物上需要采用当地配方地块的实际数据，改善传统统一使用 0.15 的做法，方能使其他参数在统计分析时显示相关变换趋势，在某种意义上，这也是个增加参数，施肥量配方公式为：

y＝［（作物形成单位产量养分吸收量 × 目标产量）—（土壤测定值 × 土壤重量换算常数 × 土壤养分利用系数）］/（肥料养分含量 × 肥料当季利用率）

2. 单因素多水平试验的设计

单因素多水平试验设计试验结果直观可靠，既可以定性分析，又可以定量分析，但不能考虑土壤养分和肥料养分之间的互作问题。试验设计的基本形式为：

处理 1：ck（不施肥空白对照区）

处理 2：N_1PK

处理 3：N_2PK

处理 4：N_3PK

处理 5：N_4PK

试验设计处理中，P、K 为常规生产的施肥量，N_1、N_2、N_3、N_4 为不同氮肥施肥量水平。在有些土壤类型、耕地类型上常发玉米白苗病等敏感微量元素养分缺乏症，试验设计中每个处理就要考虑增加等量的锌肥，避免微量元素养分缺乏干扰大量元素养分的肥效。

3. 多因素、多水平的试验设计

多因素、多水平的正交、回归试验设计是近些年比较常用的试验设计方法，典型的是"3414"回归设计方法，释义为 3 个试验因素、每个因素 4 个施肥量水平、14 个处理区的设计。处理为：

处理 1：$N_0P_0K_0$（不施肥空白对照区）

处理 2：$N_0P_2K_2$

处理 3：$N_1P_2K_2$

处理 4：$N_2P_0K_2$

处理 5：$N_2P_1K_2$

处理 6：$N_2P_2K_2$

处理 7：$N_2P_3K_2$

处理 8：$N_2P_2K_0$

处理 9：$N_2P_2K_1$

处理 10：$N_2P_2K_3$

处理 11：$N_3P_2K_2$

处理 12：$N_1P_1K_2$

处理 13：$N_1P_2K_1$

处理 14：$N_2P_1K_1$

"3414"回归设计在理论上充分照顾了三个试验因素在平面和纵面的影响，有很好的肥料效应信息反馈能力，能够回归为3元2次的数学函数方程式。方程为：

$$y=a_1x_1^2+a_2x_2^2+a_3x_3^2+b_1x_1x_2+b_2x_2x_3+b_3x_1x_3+c$$

通过对函数方程式的运算，可以直接形成同等试验条件下的推荐施肥"配方"，但是，试验结果在年份间的可重复性不高，对非试验条件下的推荐施肥"配方"缺乏可信度。

4. 田间模拟试验的设计

田间模拟试验是检验田间试验成果在生产中应用的可行性和可操作性的矫正试验，通常要根据技术推广需要设计方案，其中检验吻合度的试验基本设计包括三项处理：

处理 1：当地常规施肥技术处理区

处理 2：测土施肥技术推荐配方处理区

处理 3：空白对照区

一般情况下，通过推荐配方处理区的产量与生产上使用的常规施肥技术处理区的产量差异比较来计算吻合度。

5. 田间试验设计的实施方案

田间试验设计的实施方案就是试验设计的详细操作方案，这是试验设计十分重要的组成部分，但是又往往被人们忽视一些细节的问题。

（三）点面结合进行，实施科学布局

我国的农业生产现状被称为"雨养"农业，各地自然环境条件也是复杂多变，又经过 20 年的分田到户经营，耕地的土壤肥力很不均匀，每个农户的每个地块都可能与其他临近地块的土壤测试值不同，这就增加了田间试验和配方、配肥的难度，测土施肥面临的是指导每户农民多个不同肥力地块的复杂条件。达到施肥精确的程度对田间试验的要求就更高，需要动员多方面的力量进行多单位的跨县、跨区乃至于跨省的联合，对每个区域类型进行不同肥力状况的多年多点田间试验，形成区域类型的配方技术，再把每个区域类型统筹分析，形成全幅员的完整测土施肥技术体系和施肥技术模式，因此，田间试验的科学布局十分重要。

1. 统一布局

就是进行多单位联合试验，采用统一的分区方法、统一的田间试验方案、统一的田间试验方案实施要求、按类型区分割条块统一部署、各自承担相应的试验任务，最后综合为一个数据共享的田间试验联合体。统一布局可以充分利用有限的人力、物力和财力资源，创造数据共享的局面，使每一个测土施肥技术实施单位能获得本地区主要类型的田间试验成果，并为其他地区提供相同类型区的试验数据，同时本地区其他类型区可以借用其他地区同类型成果为我所用，解决了田间试验点次不足、试验年限不足、无力实现各种类型全面试验的问题，为测土施肥技术全面推广提供条件。

2. 区域"点"与类型"面"结合

目前，掌握测土施肥技术田间试验的主要实施单位是县（市）级单位，在一个县（市）的幅员范围内，如果按气候、土壤和耕地类型、栽培技术类型进行施肥区域规划的话，即使地处平原的县（市）也能划分出几个区至十几个区，丘陵山区条件比较复杂的县（市）可能需要十几个区甚至几十个区，每个区里通常有 2~5 种主栽作物，1~3 种轮作形式，每个作物又有若干品种，在许多肥效干扰因素条件下，做到田间试验肥效数据可靠是比较困难的事情。因此，实施单位田间试验点的布置就十分重要。首先试验"面"，要选择本地有代表性的 1~2 个区域，这个代表性区域要能够表明当地的整体水平。例如，平原地区选择土壤质地较好的平地形壤土区和洼地形的质地黏重区，在丘陵山区选择坡岗地形的坡岗区和涝洼区等。其次试验"点",试验点的落实要考虑拉开土壤肥力等级,照顾到试验因素土壤测试值的等级水平。例如,坡岗耕地地形类型就需要区分岗地与坡地的肥力等级划出 3 ~ 5 个等级水平,按每个等级水平的土壤测试平均值地块选择落实试验点,还应该掌握落实试验点中土壤测试值应该具有区域高值和低值,便于将来数据分析时参数曲线的形成。

3. 作物品种

选择当地主栽作物品种类型为主,同时也要照顾其他同类型区域联合单位品种应用情况,各个联合单位之间应该选择同类型的品种,有利于栽培技术、耕作技术、施肥方法的统一。例如,当地以紧凑型的品种为主的话,栽培则一般为密植,需要加强耕作技术措施,施肥量也相对偏高,施肥方法需要考虑施肥的深度和种肥隔离问题,其他联合单位也需要采用同样类型的品种和生产技术。

4. 耕地代表性

实际生产上的每个农户的耕地之间由于长期在耕作、施肥、轮作等不同生产技术的影响下一般都存在显著的差别,选择代表性强又具备其他田间试验条件的耕地需要有一定的科学态度和方法。寻找代表性的耕地,首先,要针对当地农业生产进行较为全面的深入了解,掌握测土施肥技术必要的土壤理化性质等技术信息数据的整体情况。例如,区域内土壤化学性质测试数据中用于计算土壤供肥能力数据的简单分布情况分析,耕地土壤层次、容重等涉及土壤库内容的用于换算系数计算数据的分析等。其次,在分析数据的基础上划分测试数据的初步预选等级,按等级水平寻找落实田间试验地块。第三,等级的划分地区之间应该协调,统一划分标准,便于数据统一应用分析,比较地区之间因为气象因素异同产生的差异,掌握参数在不同气象条件下的变化幅度,为形成测土施肥技术模式的形成提供比较和修正参考。

(四)精选调查项目,掌握统计方法

有很多项目对肥料效应计算产生影响,但是,过多精选必需项目能够创造地区间数据共享的条件,其他有些项目在本地或田间试验条件下处理之间或许看不到显著差异,但是对另点或其他地区、不同气象环境和不同年份之间的比较是必要的。

　　田间试验的调查项目必须在试验的实施方案中完整、详细地体现出来。调查项目由两部分组成，第一部分为基本项目，包括试验点耕地情况调查、土壤理化性质调查、苗情、栽培管理记载、生育期调查、考种项目等。第二部分为一般情况调查，包括病、虫、草、肥、药害，异常气象等。基本调查项目要有选择，必需的项目要齐全、完整，一般情况项目要记载时期和量化数据。例如，考种的产量构成因素就要强调齐全可靠，其他项目也要有统一的标准。

　　处理小区产量 = 单位面积株数 ×（保苗株数—空秆）× 穗粒数 × 百粒重

　　用这种方法计算理论产量，产量涉及的项目有单位面积保苗株数、空秆率、百粒重等，是必需项目。次一级的考种项目如秃尖率、秃尖长度、病害等项目反映养分供给状况，需要列为考察性项目。再次级的株高、穗长等也能从一定程度上反映养分供应状况，可列为备选项目。

二、土壤测试中的重点问题

（一）统一取样时间

　　统一土壤取样时间就是对取样时间或者时期的要求。一般情况下，土壤的速效性养分含量是随着土壤温度、水分含量的变化而变化的，而速效性养分往往与土壤养分供给、化肥肥效的相关性较好。我国大多数地区都有明显的季节更替变化的规律性，土壤测试实际是选择土壤养分含量比较稳定而又与土壤供肥能力、肥料效应相关性比较好的时期采样化验。在东北地区由于存在冬季土壤冻融过程，通常选择秋季耕地封冻前和春季解冻后采样。

（二）掌握田间土壤取样方法

　　田间试验土壤取样适宜采用"棋盘式"取样的方法，如果地力均匀，整个试验区取一份混合样制备化验即可，但是，如果地力不均匀，则每次重复或每个试验处理取一份混合样制备、化验。

（三）野外调查增补的记载项目

　　除定位、记载土壤类型、耕地类型、常规施肥量和养分比例以及施肥方法以外，采样化验中还必须测试耕地活土层厚度、耕层容重等能反映土壤物理性状的相关实用指标，便于掌握土壤库的基本情况。

（四）筛选化验项目

用于研究目的的土壤测试项目比较多，但是，在实行施肥区域性规划管理的条件下，用于测土施肥技术采用的化验项目需要少而精，这可以大大减少土壤测试的工作量。测试土壤物理性质的项目主要为耕作层（或者称为活土层）的厚度及其容重，犁底层厚度及其容重，耕层厚度与容重主要用来计算土壤换算系数，犁底层厚度与容重用来估算犁底层是否成为土壤的障碍层次。化学项目为常规8项，便于统一标准，包括土壤有机质含量、土壤pH值、全氮含量、全磷含量、全钾含量以及碱解氮、速效磷、速效钾含量。

（五）统一化验方法

对于土壤测试化验，每个土壤测试项目都有国家标准，一般情况下，要按国家标准方法进行样品制备和化验，有利于对同类型区域数据的比照，也能为其他同类型区域提供参考。对于特殊区域，比如碱地、酸地，应该考虑选择相关性好的相应化验方法，有利于获得可信度高的可靠数据，但是，应该在区域控制的基础上整个类型区统一应用同一方法。

三、田间试验的数据分析

（一）数据采集整理

田间试验的数据有试验地基础数据、栽培管理数据、田间调查数据、秋季考种测产、化验数据等。

试验地基础数据：基础数据主要包括地理位置、前茬作物、产量水平、施肥水平、土壤类型、耕地类型、耕地土壤结构、常年气象数据及其小气候、耕作技术等与土壤肥力和施肥效应相关项目。

栽培管理数据：栽培管理主要了解采用的常规栽培技术方法，包括品种、整地情况、播种方法、施肥方法、中耕管理等。其中，异常情况下的特殊管理需要做出重点记载。

田间生育期调查数据：田间生育期调查记载主要考察生育进程和出现的特点性问题，比如拖肥症状、肥害要害症状、生理性病害和病理性病害的发生情况等，便于为确定施肥配方和施肥方法提供佐证。

考种测产数据：考种项目的产量构成因素必须齐全可靠，实际应用中，生物产量的计量应该使用烘干重量，利于消除由于不同处理风干重含水量不同形成误差的现象，在实际计产时还要考虑理论产量和实测产量之间的产量误差。除了必要的项目以外，株高、空秆率、秃尖长度和秃尖率等数据也是间接考察施肥配方和施肥方法的项目。

土壤植株化验数据：土壤测试化验项目一般需要选择 11 个项目，包括耕地活土层厚度、耕作层厚度、耕作层容重、土壤有机质含量、土壤 pH 值、土壤全氮含量、土壤全磷含量、土壤全钾含量、土壤碱解氮含量、土壤速效磷含量、土壤速效性钾含量等理化项目。如果试验的区域为微量元素缺乏区域或测试土壤的性质障碍敏感性微量元素的作用，还要对土壤的敏感性微量元素（比如锌元素）进行化验，确保田间试验结果的准确性和可靠性；植株化验通常只进行全量氮磷钾的化验，在出现诸如玉米白苗病比较多的试验区域，还需要在特定的时期对植株进行微量元素含量的化验。

（二）施肥技术的参数与数据分析

在长期的测土技术研究和推广应用中，前辈们总结了很多方法，前文已经对测土施肥技术的方法做了简单介绍，虽然归结了"三类六法"，但应该根据当地生产实际灵活运用。以下就经典方法的施肥技术参数的数据分析简述观点和做法：

1.地力差减法的参数与数据分析

地力差减配方方法使用的参数理论上只有三个，即空白产量、目标产量和化肥利用率。以下就三个参数展开讨论。

（1）空白产量的分析

本方法试图用空白产量摄取的养分量来测算土壤养分的供应能力，规避土壤养分测试的环节，但在生产实际中要获得空白产量并不容易做到。首先，几乎所用的生产田都是施肥田，要获得空白产量需要做单独的田间试验，同时，在每个农户的农田地块之间存在差异很大且长期呈现"花花田"的情况下，试验条件的空白产量参数的实际控制能力十分有限。其次，空白产量的形成与常规生产田一样，同样受到气候条件、生产栽培管理条件等干扰因素的控制，年份之间、同样试验条件的地区之间存在系统误差，需要多年多点田间试验才能逐步形成控制全局。第三，不明确土壤养分状况，缺乏参考依据，难以明确哪一个养分是产量限制因子，失去了测土施肥的意义。

实际上,空白产量与土壤测试值之间无论在理论上还是在生产实际之中,在一定条件下都存在着密切的关联，这是实现测土施肥技术的根本基础，无论哪种方法，忽视这个基础的存在都会影响测土施肥技术的进程，明确了这个认识，寻找空白产量参数将比较简单。通过广泛布置常规田间试验，使形成缺素区处理产量的养分吸收量与土壤测试值换算的土壤养分量两者构成数据对，对同一年份的多组数据进行回归分析，获得回归曲线方程式。检验达到显著水平，方程式成立，通过计算土壤测试值就可估算空白产量。要回归显著达到方程式成立的基本条件有三个方面：

1）所有数据均在相同或近似相同的类型区域内，点次之间的土壤养分测试值要拉开档次。如果将不同区域类型的数据堆砌到一起分析，因为干扰因素会降低分析曲线的显著性，得到不可信的结果。

2）不同地区之间的气象条件没有显著差异。如果地区之间的积温、光照、降雨量等地区之间的差异过大，比如某些田间试验点次发生旱涝灾害等，虽然是同一类型，也将导致曲线偏移问题。

3）田间试验点次之间栽培管理条件基本一致。由于某些生产措施不一致，比如保苗株数不同，发生肥害、药害，耕作技术措施不一致导致土壤库变化以及施肥方式方法差别等，会出现不一样的肥效。

满足上述基本条件，就能较好地解决土壤供肥能力亦即用土壤养分测试值表达空白产量的问题。形成空白产量的养分吸收量，用收获时期不施该种养分肥料的处理区产量中吸收的养分量通过化验计算出来。

土壤养分供肥量 = 秸秆产量 × 秸秆该养分含量 + 籽实产量 × 籽实中该养分含量

注：1.式中秸秆产量、籽实产量为单位面积产量，单位千克/亩，养分含量用%。

2.土壤供肥量为形成单位面积产量吸收的养分量，单位千克/（籽实产量）千克

土壤测试值通过土壤中该种养分的含量形成用下列公式表达：

土壤中的该种养分量（千克/亩）= 土壤养分测试值 × 换算系数

= 土壤养分测试值 × 活土层厚度 × 666.7 × 土壤容重 × 10^5

注：1.式中土壤养分测试值速效性养分单位为毫克/千克

2.换算系数为土壤活土层厚度 × 活土层容重，单位分别为厘米和毫克/

立方厘米，10^5 为单位换算常数。

3. 活土层厚度是根系主要分布的厚度，在犁底层厚硬的情况下可以用耕作层代替。

数据对组队配置为：

该种土壤养分供肥量：土壤中该种养分量

在实际应用计算中，因为每个试验点所计算的养分不一定是当地最小的限制因子，所以土壤养分供应量变化幅度很大，需要大样本统计才有效。此外，不同年份之间、同年份不同地区之间气象因素差异之间有误差，所以需要统计出丰年、平年、歉年的不同曲线，组成具有变化幅度的曲线带，最终形成的是以平均值为主曲线的常年变化曲线。

举例：某县 2012 年常规田间试验针对氮肥的 $N_0P_5K_6$ 处理结果形成了以下基本数据表。

表 1

试验地点	耕层厚度（厘米）	耕层容重（克/立方厘米）	碱解氮含量（毫克/千克）	籽实产量（千克/666.7平方米）	籽实全氮含量（%）	秸秆产量（千克/666.7平方米）	秸秆全氮含量（%）
1	17.0	1.21	153.1	498.9	1.02	653.6	0.72
2	21.3	1.13	189.6	512.2	1.14	686.1	0.75
3	16.4	1.25	155.0	467.8	1.09	631.5	0.69
4	14.6	1.31	123.2	413.6	1.17	528.6	0.77
5	16.9	1.22	148.9	472.7	1.19	623.1	0.71
6	17.3	1.21	163.4	481.8	1.21	644.3	0.66
7	15.7	1.24	156.9	435.4	1.20	579.1	0.76
8	16.2	1.24	157.1	455.1	1.12	641.7	0.71
9	16.1	1.23	168.1	489.6	1.11	680.5	0.76
10	12.5	1.33	101.4	378.1	1.18	457.5	0.81

经过初步计算，得到如下作物吸收的土壤供肥量与土壤养分量的数据对。

表 2

试验地点	碱解氮含量毫克/千克	土壤重量换算常数 *	土壤供肥量（千克/666.7平方米）	土壤养分量（千克/666.7平方米）
1	153.1	0.21	9.80	31.80
2	189.6	0.16	10.99	30.40

续表

试验地点	碱解氮含量毫克/千克	土壤重量换算常数*	土壤供肥量（千克/666.7平方米）	土壤养分量（千克/666.7平方米）
3	155.0	0.14	9.46	21.18
4	123.2	0.13	8.91	15.71
5	148.9	0.14	10.05	20.47
6	163.4	0.14	10.08	22.80
7	156.9	0.13	9.63	20.37
8	157.1	0.13	9.65	21.040
9	168.1	0.13	10.61	22.19
10	101.4	0.11	8.17	11.24

*换算常数一般教科书使用 0.15，释义为 1 公顷耕层土壤中含有养分量。计算时用土壤养分测试单位毫克/千克对应千克单位的换算关系。

数据对用一元二次方程公式回归，公式形式为：$y=ax^2+bx+c$

上表经过简单的单因素回归计算后，得到土壤供肥量与碱解氮含量回归公式如下：

$y=-3.51x^2+95.79x-446.67$ $R^2=0.91$

式中：y 为土壤供氮量，x 为土壤碱解氮含量。

上式达到显著水平，说明土壤测试值可以在试验条件下表达土壤的供氮量。土壤供肥量通过单位经济产量的养分吸收量可以换算为空白产量，这样就建立了空白产量与土壤养分测试值之间的联系。具体田间试验实施中，或是因为试验点次过少、样本过小，或是因为土壤测试值都处于一个水平不能反映曲线的趋势，或是因为气象因素如降雨量、积温等在各个试验点次之间的差异，都可能造成曲线偏差或回归达不到显著水平。

获得了这样的公式还不能作为测土施肥技术的依据，我们的曲线是在常规正常试验田间试验条件下统计一个年份的结果，"雨养"农业条件下，不同年份的气象条件是不同的，会形成具有系统误差的曲线。不同地点由于气象原因在同一年份也有误差，可以形成不同气象类型的曲线，如干旱类型、丰水类型等。经过多年多点的逐步积累，把曲线叠加就形成了曲线带，它是参数变化的幅度，取中心线作为形成空白产量参数的依据。

（2）目标产量的分析

目标产量不是产量目标，这是应该明确的问题。化肥的增产率必须建立在土壤肥力的基础上，土壤肥力越高目标产量越高，化肥的作用越小；土壤肥力越低，化肥的增产作用越大，目标产量却低。在这个方法里，实际使用的是目标产量与空白产量的差值，也就是化肥到底能增产多少产量。目标产量与空白产量之间有一定的规律可循，很多前辈以前为确定目标产量总结了方法，一般为经验型和公式型两种。

经验型：

一般按当地常规生产施肥水平条件下增产 5%～15% 计算目标产量。当地常规施肥产量取 3～5 年的平均数，通常要考虑丰、歉、平年产量的不同，按以前多年丰、平、歉年出现的概率加权平均更为理想。

公式型：

核定目标产量有很多经验公式型的算法，可以根据当地实际情况选择制定计算依据，形成经验公式。下式是比较成型的公式：$y=100x/ax+b$

式中 y 为目标产量，x 为空白产量，a、b 为常数。

在技术推广应用中，可以通过田间试验的全肥区产量和不施肥区产量形成数据对，通过相关分析获得经验公式，也可以通过调查当地施肥典型户产量的形式，通过相关分析获得经验公式。但是，公式的形成需要在实际生产中检验可靠性。

（3）化肥利用率的分析

化肥利用率通常用下列公式计算：

化肥利用率 =｛（目标产量−空白产量）× 生产百千克籽实养分吸收量｝/ 化肥用量 × 化肥养分含量

式中的生产百千克籽实养分吸收量可以通过对常规生产田的采样测定获得，也可以参考书籍的数据。

2. 土壤养分平衡法的参数与数据分析

经典的土壤养分平衡方法的参数有四个，包括形成单位产量的养分吸收量、土壤养分利用系数、化肥利用率、换算关系常数。以下就四个参数进行分析：

（1）单位产量的养分吸收量

单位产量的养分吸收量是将在收获时秸秆和籽实中的总养分含量除以籽实产量，相当于形成一个单位的籽实产量秸秆和籽实吸收的养分量，公式为：

单位产量的养分吸收量 =（秸秆产量 × 秸秆中该养分含量 + 籽实产量

× 籽实中该养分含量）/ 籽实产量

形成单位经济产量养分吸收量一般在粮食作物上用形成 100 千克经济产量吸收的养分量表示，在蔬菜和一些经济作物上用形成 1000 千克经济产量吸收的养分量表示。单位产量养分吸收量实际生产中也是一个变化的数据，变化主要来源于品种特性和土壤养分含量（包括施肥量）。一般情况下，不同品种之间略有不同，同品种中籽实的养分含量相对稳定，秸秆含量受土壤中养分含量影响，土壤速效性养分含量高或化肥使用量大的含量相对高，秸秆量高、经济系数低的品种吸收量普遍较高。现在生产应用的条件下，在黑龙江省中南部每形成 100 千克籽实吸收氮（N）2.23~2.69 千克，平均 2.63 千克；吸收磷（P_2O_5）0.64~1.12 千克，平均 0.76 千克；吸收钾（K）1.92~2.87 千克，平均 2.44 千克。田间试验里需要对不同处理分别化验秸秆和籽实的养分含量，生产应用中可选择常规生产田采样化验的数据。

（2）土壤养分利用系数数据的分析

土壤养分利用系数也称为土壤换算系数，它是土壤中养分被作物吸收量与土壤活土层中养分含量总和的比值，相当于土壤养分的利用率。因为农作物的根系在土壤里的分布仅占 10% 左右的空间，只能部分吸收土壤里的活性养分。土壤速效性养分是动态的含量，所以土壤养分利用系数是个相对量化的参数，允许超过 100%，计算公式为：

土壤养分利用系数 =（秸秆产量 × 秸秆养分含量 + 籽实产量 × 籽实养分含量）/ 土壤养分测试值 × 换算常数。

举例：我们仍然以表 2 中的数据为例说明土壤养分利用系数的算法。秸秆中的养分吸收量与籽实中的养分吸收量之和相当于表 2 的土壤供肥量，土壤养分测试值与换算常数的乘积相当于土壤养分量，计算结果见表 3。

表 3

试验地点	碱解氮含量毫克 / 千克	土壤重量换算常数 *	土壤供肥量（千克 / 亩）	土壤养分量（千克 / 亩）	土壤碱解氮养分利用系数
1	153.1	0.21	9.80	31.80	0.31
2	189.6	0.16	10.99	30.40	0.36
3	155.0	0.14	9.46	21.18	0.44
4	123.2	0.13	8.91	15.71	0.56

续表

试验地点	碱解氮含量毫克／千克	土壤重量换算常数*	土壤供肥量（千克／亩）	土壤养分量（千克／亩）	土壤碱解氮养分利用系数
5	148.9	0.14	10.05	20.47	0.48
6	163.4	0.14	10.08	22.80	0.49
7	156.9	0.13	9.63	20.37	0.44
8	157.1	0.13	9.65	21.040	0.47
9	168.1	0.13	10.61	22.19	0.48
10	101.4	0.11	8.17	11.24	0.73

土壤重量换算常数是指单位面积土壤库以千克为单位的土壤重量与土壤测试值在换算时的比例常数，一般教科书使用 0.15。

获得了土壤养分利用系数的数据之后，我们进行进一步的分析，在碱解氮含量和对应的土壤养分利用系数之间，有随着土壤测试值的提高而逐步下降的趋势，用 Excel 的图表向导中散点图做相关分析，得到如下的关系式：

$y=4E-05x^2-0.0156x+1.8799$ $\qquad$ $r^2=0.76$

式中 y 为碱解氮土壤养分利用系数，x 为碱解氮含量。

从上式这 10 个试验点可以看到，土壤养分利用系数与土壤养分测试值有近似直线的相关性，用关系式通过土壤养分测试值可以表达土壤养分利用系数，也就意味着可以通过试验手段获得某个施肥规划区的关系式，并通过这个关系式指导生产中土壤测试值有关土壤养分利用和土壤供肥能力的问题。

以往是田间试验经验显示，在施肥区划类型的条件下，土壤养分测试值与土壤养分利用系数之间确实存在相关性，这种相关性在产量高而土壤养分供应显示缺乏的情况下愈加明显，其中有两个容易被忽视的环节必须引起注意。第一，相关分析统计的采点数据必须来自同类型区，土壤测试值要具备上、中、下不同的水平，不能都集中在一个水平上。第二，"土壤库"也就是活土层厚度与容重在不同肥力耕地水平上是不同的，诸如犁底层厚度和硬度、耕作措施等对土壤供肥能力和施肥肥效的影响是非常显著的，应该纳入测试必需项目。

同分析空白产量参数一样，形成土壤养分利用系数参数同样需要多年多点田间试验进行分年份、分不同因素变化的差异统计，综合分析出具有实际应用价值的参数结果。

（3）化肥利用率数据的分析

1）应用常规平衡施肥田间试验（5个处理）方案的化肥利用率可以通过下式计算：

化肥利用率=（全肥区形成产量的养分吸收量－不施该养分区形成产量的养分吸收量）/化肥用量 × 化肥中该养分的含量。式中，全肥区形成产量的养分吸收量为单位面积秸秆产量的养分吸收量加上单位面积籽实产量的养分吸收量之和，不施该养分处理区形成产量的养分吸收量同样包括秸秆和籽实两个部分，需要注意的是全肥处理区和不施该肥处理区的形成单位产量养分吸收量不同。

2）单因素不同水平田间试验设计的化肥利用率需要回归计算，通过回归关系式核定不施该养分的产量和最佳施肥量之下的目标产量，使用不施肥处理区和目标产量相近的处理区植株、籽实采样化验结果计算形成单位经济产量吸收养分量。

举例：前进村2012年氮肥田间试验产量平均结果见表4。

表4

处理	$N_0P_5K_6$	$N_5P_5K_6$	$N_{10}P_5K_6$	$N_{15}P_5K_6$
籽实产量（千克/亩）	489	582	654	632
养分吸收量（千克/亩）	2.31	2.58	2.56	2.63

经过回归计算得到产量与氮肥施肥量的函数式为：

产量函数：$y = -1.15x^2 + 27.27x + 485.35$　　　$r^2 = 0.98$

解方程得：

不施肥产量 =485.4 千克/亩

最高产量 =668.2 千克/亩

获得最高产量施肥量 =11.86 千克/亩

在这个田间试验点的试验条件下，空白产量为485.4千克/亩，与$N_0P_5K_6$处理接近；形成单位产量的养分吸收量使用2.31千克/100千克，最高产量为668.2千克/亩，与$N_{10}P_5K_6$处理接近。形成单位经济产量的养分吸收量使用2.56千克/100千克，氮肥利用率计算如下：

氮肥利用率（%）=（668.2 × 2.56 ÷ 100－485.4 × 2.31 ÷ 100）/11.86

=49.7%

3. "3414" 设计田间试验的数据与分析

"3414" 试验设计意为 3 个试验因素，每个因素 4 个水平处理，是理论上比较合理的设计方案。在实际田间试验实施操作中，如果 4 个水平的分配合理，即高肥量处理能达到报酬递减以上的施肥量，且气象田间符合当地正常年景，其获得的数据函数模型具有意义。通常 "3414" 设计获得的函数模型为 3 元 2 次函数式：

$$y=a_1x_1^2+a_2x_2^2+a_3x_3^2+b_1x_1x^2+b^2x^2x^3+b^3x_1x^3+c$$

上式 x_1、x_2、x_3 为因素，a_1、a_2、a_3 分别为 3 因素 2 次项的系数，b_1、b_2、b_3 为两因素交互项的系数，c 为常数。

一般情况下，函数模型用手计算是比较繁复的工作，需要通过专用软件形成函数模型，函数模型通过检验达到显著水平即为模型成立。通过数学手段解析函数方程，可以容易地求解到获得最高产量的施肥量及其养分配比配方、获得最佳经济产量的施肥量配方，以这个配方为依据，可以指导田间试验条件下的施肥技术。

虽然，通过 "3414" 设计获得的施肥技术函数模型虽然对指导施肥在准确性方面理论上有很强的优势，但是，有四个必须面对和解决的问题。第一，试验成功率低。近些年的试验结果统计显示，"3414" 设计的对处理产量数据的结果过于灵敏，田间试验能够通过检验达到显著水平的试验点实际不足 50%，多数要经过人为一定的经验调整，才能有较好的显著性。第二，在不同地点之间、不同年份之间重复性低，地点之间和年份之间的差异过大。第三，田间试验工作量多，选点难度大。以一个田间试验点次区组 3~4 次重复计算，一个试验点次需要 45~56 个小区，获得的结果虽然是优化的配方，但是也仅限于在田间试验条件下适用。第四，"3414" 设计中仍然无法将土壤测试数据结合起来，测土施肥技术缺少土壤肥力的因素判断。

我们以实例说明这个问题和解决方法：

表 5 2012—玉米 "3414" 田间试验前进村试验点

处理编号	氮肥 N 千克/亩（x_1）	磷肥 P_2O_5 千克/亩（x_2）	钾肥 K_2O 千克/亩（x_3）	平均产量 千克/亩（y）
1	0.0	0.0	0.0	442.5
2	0.0	5.0	6.0	538.6
3	3.5	5.0	6.0	599.8

续表

处理编号	氮肥 N 千克 / 亩（x_1）	磷肥 P_2O_5 千克 / 亩（x_2）	钾肥 K_2O 千克 / 亩（x_3）	平均产量 千克 / 亩（y）
4	7.0	0.0	6.0	602.6
5	7.0	2.5	6.0	698.9
6	7.0	5.0	6.0	756.7
7	7.0	7.5	6.0	749.8
8	7.0	5.0	0.0	699.4
9	7.0	5.0	3.0	721.5
10	7.0	5.0	9.0	758.5
11	10.5	5.0	6.0	734.8
12	3.5	2.5	6.0	687.5
13	3.5	5.0	3.0	696.9
14	7.0	2.5	3.0	728.6

表 5 结果经上机回归，三元方程没有通过检验，在正常情况下，这就是报废的试验点，但是，如果把其视为单因素多水平的田间试验对待，则可以解决三元回归不显著引起点次报废过多的问题。通过单因素回归，可以获得氮磷钾肥的单因素肥效方程：

氮肥：$y= -1.70x_1^2+39.11x_1+524.88$ $r^2=0.89*$

磷肥：$y= -4.13x_2^2+50.94x_2+601.29$ $r^2=0.99*$

钾肥：$y= -0.56x_3^2+12.10x_3+697.08$ $r^2=0.96*$

以当地化肥折纯每千克氮肥 3.80 元、磷肥 4.67 元、钾肥 3.17 元分别计算最佳施肥量，得到如下结果。

氮肥最佳施肥量 =10.6 千克 / 亩

氮肥最佳施肥量获得产量 748.8 千克 / 亩

磷肥最佳施肥量 =5.7 千克 / 亩

磷肥最佳施肥量获得产量 757.5 千克 / 亩

钾肥最佳施肥量 =8.4 千克 / 亩

钾肥最佳施肥量获得产量 759.5 千克 / 亩

以上是在"3414"三因素函数不满足显著水平情况下通过单因素回归计算的理论结果，其适用条件为田间试验生产条件，搁年异地都可能使方程发生变化。

　　将函数方程与地力差减法或土壤养分平衡法结合应用可以解决函数效应方法不能使用土壤测定值的问题，对年份误差和地域性误差也能起到平衡作用。基本的方法就是通过三元方程或一元方程获得地力基础产量（相当于空白产量）和最佳产量（相当于目标产量）及其施肥量，再运用相应的方法获取参数，进行综合分析。我们仍然以表 5 为例说明这种转化方法。

　　土壤化验的结果，田间试验点土壤的碱解氮含量 154.0 毫克 / 千克，速效磷含量 56.1 毫克 / 千克，速效钾含量 168.7 毫克 / 千克，耕层厚度 19.8 厘米，耕层土壤容重 1.25 克 / 立方厘米；植株化验计算的结果，处理 2 形成单位经济产量的氮素吸收量 2.44 千克 /100 千克，处理 11 形成单位经济产量的氮素吸收量 2.53 千克 /100 千克，处理 4 形成单位经济产量的磷素吸收量 0.69 千克 /100 千克，处理 6 形成单位经济产量的磷素吸收量 0.74 千克 /100 千克，处理 8 形成单位经济产量的钾素吸收量 2.13 千克 /100 千克，处理 10 形成单位经济产量的钾素吸收量 2.42 千克 /100 千克。

　　表 5 通过单因素回归，分别形成了氮肥、磷肥和钾肥的肥效方程，通过氮肥方程，可以得到土壤氮素的地力基础产量为 524.9 千克 / 亩，最佳产量 748.8 千克 / 亩，施肥量 10.6 千克 / 亩；磷素的地力基础产量 601.3 千克 / 亩，最佳产量 757.5 千克 / 亩，相应的施肥量 5.7 千克 / 亩；钾素的地力基础产量为 697.1 千克 / 亩，最佳产量 759.5 千克 / 亩，相应的施肥量 8.4 千克 / 亩。按照单因素回归的方法，可以很容易地计算出土壤养分利用系数、化肥利用率等参数，该点参数计算如下。

　　土壤养分利用系数：

氮素 y=（524.9 × 2.44/100）/（154.0 × 19.8 × 1.25 × 666.7 × 10 — 5）=0.50

磷素 y=（601.3 × 0.69/100）/（56.1 × 19.8 × 1.25 × 666.7 × 10 — 5）=0.45

钾素 y=（697.1 × 2.13/100）/（168.7 × 19.8 × 1.25 × 666.7 × 10 — 5）=0.53

化肥利用率：

氮肥 %y=（748.8 × 2.53/100 — 524.9 × 2.44/100）/10.6=57.8%

磷肥 %y=（757.5 × 0.74/100 — 601.3 × 0.69/100）/5.7=25.6%

钾肥 %y=（759.5 × 2.42/100 — 697.1 × 2.13/100）/8.4=42.1%

　　掌握了试验点的参数，通过与土壤测定值相关分析，就能形成参数随着土壤测定值的变化而变化的相关趋势，而通过"3414"设计的田间试验数据要比常规平衡施肥田间试验获得的数据更可靠。在测土施肥技术各种方法上，地力差减法、养分平衡法、函数效应方法最终的目的都是配方与配肥，参数之间在一定条件下能相互转化，反映的趋势也基本相同，一套完整的测土配方施肥技术模式也需要参考多种方法配合的模式。

田间试验还有很多设计经典方案，更有很多分析方法，但是数据分析根本上需要寻找可操控的因素项目创造条件建立关联，土壤试验如此，植株试验也应该如此，这一节对其他设计方法的数据分析不再涉及。

三、施肥配方经验公式的形成与校正应用

施肥配方的经验公式比较多，大部分是前辈们经过试验和生产实践总结而成的图表、公式型的配方算法公式。在严格意义上，先通过田S间试验获得参数，而后通过参数和施肥量进行配方的方法，也是一种经验公式型的方法，这在于参数是依气候、栽培管理、施肥技术方法等在不同地点、不同年份之间有误差，克服这种误差更多来自于"黑箱理论"。参数并不是个实际的数值，它是一种变量，这种变化实际是"模糊"的、通过某些关联因子相互联系的一种有波动幅度的变换趋势，依据参数形成的施肥量公式更符合经验公式的特征。例如，哈尔滨市年活动积温 $2300℃ \sim 2500℃$ 黑土类耕地碱解氮的土壤养分利用系数表示为 $y=82.21/x - 0.039$（y 为土壤养分利用系数，x 为土壤碱解氮含量，n=76，$r^2=0.61^{**}$），这不仅证明了土壤养分利用系数与土壤碱解氮相关性的存在，也说明可以用土壤养分测定值表述土壤养分利用系数。

这里所谓测土配方经验公式的形成，是把各个参数代入施肥公式的过程。前文已经讲到，参数是一种依某些因素变换而变化的、具有波动幅度的变化趋势，正如土壤养分利用系数是一个变化的趋势一样，在土壤养分利用系数公式中，土壤养分利用系数 =（秸秆产量 × 秸秆养分含量 + 籽实产量 × 籽实养分含量）/ 土壤养分测试值 × 计算土壤重量换算常数，我们姑且把"（秸秆产量 × 秸秆养分含量 + 籽实产量 × 籽实养分含量）/100 × 经济产量"部分以形成单位经济产量吸收养分量视为常数，计算土壤重量换算的常数项以"耕层厚度（厘米）× 耕层容重（克 / 立方厘米）× 666.7（m^2）$\times 10^5$ 来表示，土壤养分利用系数的显示形式为：$a \times$ 经济产量 /［土壤养分测定值 × 活土层厚度（厘米）× 耕层容重（克 / 立方厘米）× 666.7（m^2）

$\times 10^{5}$〕。同样地，空白产量、目标产量、化肥利用率、相对产量等都能通过关联因素表示出来，而代入施肥量公式显示的只有关联因素，这就是经验公式的基本构成和形成的基本过程。

施肥量的经验公式不仅为直接指导施肥技术提供参考，也能为专家咨询系统的建立实现微机指导施肥提供技术支撑。以下就通过田间试验数据形成经验公式步骤过程简要介绍。

第一步：统计参数

统计参数是把参数变成参数技术体系，也是形成真正参数的过程。我们在田间试验中形成的数据比如化肥利用率、土壤养分利用系数等，都是在试验条件下形成的当年、当地、当季玉米生产施肥的肥料效应，而我们几乎不能预知下年、下季是不是还和目前的试验条件一致。生产上能够应用的是正常年景的肥料效应，得到正常年景的施肥效应，还需要估算其正常使用时的上下年景水平上的波动幅度，估算通过改变追肥的数量和养分比例能够矫正的幅度。比如，哈尔滨市 2300～2500℃活动积温黑土类区域耕地土壤碱解氮的土壤养分利用系数经过整理后的变化幅度见图1。

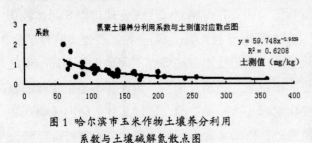

图1 哈尔滨市玉米作物土壤养分利用
系数与土壤碱解氮散点图

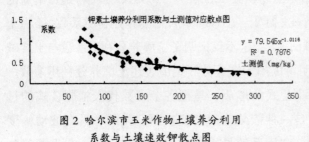

图2 哈尔滨市玉米作物土壤养分利用
系数与土壤速效钾散点图

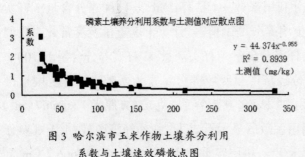

图3 哈尔滨市玉米作物土壤养分利用
系数与土壤速效磷散点图

从图1的散点分布可以看到，碱解氮含量在 50～100 毫克/千克的范围内非常分散，而在 100～200 毫克/千克之间则比较规律，说明在碱解氮低含量的试验点也就是受年份和气象条件影响比较大的田间试验区域，具备这样试验条件的地方，单点或小范围的田间试验即使进行多年，依然很难寻找到可以作为测土施肥技术配方依据的规律性趋势，只有在统一布局的情况下才有可能将趋势反映出来。而地力基础水平较高的试验点或施肥类型区域，由于具有较强的抗灾能力，土壤养分状况也相对稳定，反映的趋势性更强；在不同的养分之间，可能是受肥料养分性质和土壤养分含量、供肥能力等影响，参数的变化波动幅度有一定的区别，仍然以哈尔滨市玉米作物的磷、钾土壤养分利用系数为例，见图2与图3的比较。

比较图2和图3，磷素在20～120毫克/千克的范围内反映的趋势波动较小，而钾素在70～270毫克/千克之间纵向趋势的波动则很大。在应用的过程中，对每种养分的参数要区别对待，对变化小的（如图2）则直接应用；对分散度大的（如图3）要区分不同类型，消除系统误差；对不同范围分散度不同的（如图1）可在不同范围区段分别统计参数，形成不同范围或区段的参数。

第二步：经验公式的形成

参数经过整合以后，按照施肥量公式将测土施肥技术方法中的参数代入施肥量公式中，形成一个初步的函数公式模型。以地力差减法为例来说明这一问题。

地力差减法的原理公式为：

施肥量 =（目标产量养分吸收量－空白产量的养分吸收量）/ 化肥利用率

施肥量 =（目标产量 × 生产单位经济产量时养分吸收量－土测值 × 当地土壤重量换算常数 × 土壤养分利用系数）/ 当地的化肥利用率

这里，可视为给定的常数，土壤养分利用系数利用参数公式，土壤重量换算常数用单位面积的活土层厚度 × 耕层容重来表达，经验公式体现的变量为土壤养分测定值、活土层厚度、耕层容重和化肥利用率，即：

施肥量 = ｛生产单位经济产量时养分吸收量 × 目标产量 － 土壤养分测定值 ×（活土层厚度 × 容重 $\times 666.7 \times 10^{-5}$）× 土壤养分利用系数表达式｝/ 化肥利用率

如果为氮肥施肥配方，将相关参数代入上式，形成经验公式的基本框架，转化的公式为：

氮肥施肥量 = { 2.64 × 目标产量 −666.7 × 10^{-5} × 碱解氮 × 活土层厚度 × 容重 ×（82.21/ 碱解氮 − 0.039）} / 化肥利用率

= { 2.64 × 目标产量 − 666.7 × 10^{-5} ×（82.21 − 0.039 × 碱解氮）× 活土层厚度 × 容重 } / 当地化肥利用率

经验公式框架中获得配方，需要 5 个数据，即目标产量、化肥利用率、土壤养分测试值、活土层厚度和容重。其中，目标产量通过调查当地常规生产田产量的方法获得，也能通过公式方法获得，注意要选择氮、磷、钾养分中最低的目标产量作为施肥配方经验公式的目标产量。化肥利用率需要通过田间试验获得，可以以地力或土壤测试值为依据形成丰缺级别类型的检索表或经验公式，通过查表将数据代入施肥配方经验公式或直接把化肥利用率的经验公式代入施肥配方经验公式即可。土壤养分测试值和活土层厚度、容重是土壤测试项目，将测试结果代入施肥配方经验公式即可，全部项目代入将能出现配方施肥量计算结果。

第三步：经验公式的校正

经验公式是否可靠，必须经过检验校正，校验一般用三个方法：

方法 1：田间肥料试验校正。用以往肥料试验的数据和试验结果，对经验公式进行检查，即把田间试验的数据代入经验公式计算结果，观察计算结果与田间试验结果的吻合情况，对系统误差的偏差进行校正。

方法 2：生产田施肥比较检验。通过配方生产田施肥后，跟踪调查有代表性典型农户施肥情况和产量情况，检查经验公式的吻合并统计系统误差，校正偏差并估测经验公式的可靠性。

方法 3：矫正试验检验。布置专用田间试验、示范，根据试验、示范结果，计算吻合度和系统误差。

第四步：经验公式的应用

这里，参数经验公式主要用于施肥量配方公式和微机配方的技术支撑程序，也可以作为判别相关的因素水平，施肥量配方公式主要用于施肥配方的参考依据和微机推荐施肥配方的技术支撑程序。例如，利用土壤养分利用系数经验公式结合土壤测试，可以判定土壤供肥能力，获得耕地空白产量作为地力分级的根据；通过空白产量与目标产量的经验公式可以推断耕地粮食产量的潜力，为做好粮食发展计划提供参考；通过施肥量经验公式也能为种植业区划和施肥区划提供参考数据，为配肥站的建立提供技术依据，为化肥加工企业肥料产品定型提供技术根据等。利用计算机指导施肥是今后施肥技术的必然途径，但是，无论农业生产专家咨询系统还是施肥技术系统的建立和完善都离不开后台程序的支撑，经验公式现阶段在一定程度上可以弥补目前的空白，随着农业生产的持续发展和施肥技术的不断进步，可以用理论的正规程式替代，以求得系统的完善提高。

第四节　测土施肥技术的配方与配肥

一、测土施肥技术的施肥技术方案与施肥技术方法

田间试验和土壤测试，能为耕地提供施肥"配方"，但是，如何把配方的内容较为准确地实施下去，达到田间试验结果显示的肥料效果，就需要制订一套与实际生产接轨的测土施肥技术的推荐技术方案。推荐的测土施肥技术实施方法方案重点除了施肥量以外，施肥技术方法是不可忽视的技术环节。

1. 施肥使用方法直接影响肥料效应

众所周知，不同施肥方法的化肥利用率是不同的，底肥、追肥、叶面肥发挥的作用不同，产生的效果也不同。底肥或称基底肥一是起到维持土壤养分浓度和土壤养分平衡的作用，二是为作物前期生长提供充足的养分供应，因此底肥的肥料作用比较大，持效期也相对长远。追肥是在作物养分吸收高峰时期发挥作用的肥料，施肥的效果高、作用快，但作用时间比较短。叶面肥应该是在作物呈现缺乏时期的救急肥料，作用快而肥料量小。各种肥料使用方法各有特点，只有相互配合，满足作物一个生长全周期的均衡营养供应才能发挥肥料的最高效率，相反，如果不能很好地配合，单独侧重使用一种方法，都会造成玉米生长发育在某些阶段的营养失调，从而影响整体肥料的效果。

2. 肥料使用部位影响肥料效果

肥料施在什么种子或根部的什么部位与农作物对养分的吸收利用有直接的关系，这与养分的性质有关，也与施肥操作的标准化程度有关。氮肥、钾肥在土壤中有较强的移动扩散能力，氮肥又具有挥发的性质，因此基底肥要与种子适度隔离，按氮肥扩散距离，一般种子与底肥肥料之间的距离要保持7~10厘米。追肥不但要与根部保持7~10厘米的距离，而且要进行表面覆盖，减少挥发损失。磷肥在土壤中移动很小，因此要施在作物根系活动的区域部位，然而生产中底肥一般是氮磷钾复合肥或复混肥料，垄作情况最好的底肥

方法仍然为破垄夹肥深施的方式，能较好地提高肥料效率。

施肥部位对肥料效应的影响是十分显著的，以尿素追肥深度为例，多点调查结果显示，追肥不覆盖的氮肥利用率为7%~23%，覆盖1~2厘米的氮肥利用率为9%～34%，覆盖3~5厘米的氮肥利用率为26%~68%。同等追肥量条件下，在化肥利用率显著差异的情况下，不明确施肥技术标准的配方施肥量显然是没有可靠性和实际意义的配方。

3.耕地土壤条件影响肥料的使用

耕地土壤对肥料产生最大影响的是土壤水分、土壤吸收肥料能力和土壤障碍层次。土壤水分有利于肥料的扩散和吸附，土壤墒情好的条件下，土壤对肥料的吸收量高，能容纳更多的肥料而不发生肥害现象；土壤墒情低时肥料不容易扩散，容易造成局部养分浓度过高，影响根系生长。土壤吸收肥料能力不仅与土壤墒情有关，还与土壤有机质含量其他理化性质有关，一般高肥力地块有较高的吸附能力。土壤障碍层次直接关系到土壤库的容量，一般有障碍层次的地块对肥料的吸附能力下降。

土壤对肥料的吸附能力主要影响底肥和追肥的用量，当肥料的一次性用量超出土壤的吸附能力限度，容易发生肥害，这是施肥实施方案必须掌握的施肥用量上限。

4.施肥工具和肥料品种影响肥料的用量

在生产中，机械施肥的肥料箱和施肥流量有时也是限制施肥量的条件之一。以小型机械为例，通常一箱肥料在大地块上按配方要求的施肥量和施肥品种配置，可能尚未达到地头时肥料箱中的肥料已经用尽。不同的肥料品种混配施用时，由于机械运动的震荡形成大小粒品种的层次分离，小粒肥料往往首先被播下去，大粒品种浮到上面后被播下，失去了营养配合的意义。

综上所述，推荐测土施肥技术必须有十分明确的施肥技术方法实施标准，配方不仅要具备准确性和可靠性，还要具备可操作性。

二、测土施肥技术与选择肥料品种剂型的注意事项

随着肥料工业的发展，化学肥料的品种和剂型越来越多，这为测土施肥技术选择肥料带来了方便的同时，也为农民选择肥料、计算化肥用量带来了困扰，以下原则讲述几个主要类型肥料在测土施肥技术应用上需要的

注意事项。

1. 单质肥料的掺混应用

单质肥料掺混使用是田间试验的基本应用方法，在配方应用的可靠性方面有一定的保障作用。同复合肥料和新型肥料品种增产效果比较，优点是掺混方法的增产比较高，肥效比较稳定；缺点是施肥过程中容易出现混合不均匀、用机械施肥出现分层现象。因此，在技术人员推荐施肥技术时，要强调尽量避免选择肥料品种之间粒型大小不一致的品种，在粉剂型和粒剂型掺混时要匀和，采取相应的措施防止在施肥过程中分层现象的发生，并且现用现配，不做长时间停放。

2. 复合肥料的搭配应用

市场上的复合肥料品种很多，也是目前农民底肥应用的主要肥料类型。复合肥在测土施肥技术推荐中主要是与单质肥料搭配调整养分用量和比例的问题，一般情况下，复合肥在配方中要选择效果好的可靠品种，尽量接近推荐配方的底肥配方比例，对个别地块进行单质肥料的调整比例比较小，便于掌握控制单质肥料的用量。在一次性追肥的施肥方案中，追肥一般选择尿素肥料，近年来出现几种元素配合的追肥品种，要在试验的基础上选择适当的品种。

3. 增效剂类型的品种选择应用

化肥增效剂是提高化肥利用率的有效途径。在市场上化肥增效的品种繁多，作用机理各有不同，比如尿酶抑制剂、土壤解磷解钾菌剂、生物菌衍生物作用类型的肥料等。根据以往试验的效果情况，增效类型肥料的肥效往往有地域性显效的特点，测土施肥技术推荐中应该在试验的基础上做有依据的推荐，方法是将增效类肥料品种与正常使用品种做比较试验，分析系统误差，根据系统误差建立以化肥增效剂品种类型为主的测土施肥技术参数体系，以新的技术参数体系进行配方和施肥。

4. 控释缓释类型肥料的应用

控释缓释类型的肥料目前主要是肥料包膜和包衣，原理为肥料养分通过包膜或包衣的孔隙缓慢向土壤中释放，肥料经过包膜、包衣使释放速度和释放时间得到控制，以达到均衡向土壤里提供肥料养分的目的。控释、缓释肥料在目前还处于示范应用阶段，肥料的效果还不稳定，对几个肥料品种的试验结果显示，同常规施肥相比，控缓肥料在玉米苗期控制了肥料的释放，玉米起身慢，在一定程度上延缓了生育进程，在后期不出现拖肥现象，在一定程度上显示了肥料的良好缓释作用。控释、缓释肥料是将来肥料品种的发展方向，在充分试验的条件下，通过改善施肥方法并形成配方参数体系，这类肥料仍然是值得推荐的肥料品种。

第七章

寒地水稻测土施肥技术

东北松嫩平原地处高纬度的寒冷地区，人们把高于纬度 45 度、有漫长冬季的地区称为寒地。东北寒地水稻栽培只有 100 多年的历史，现在种植粳稻，一般种植 11 ～ 15 叶的品种，单产 350 ～ 650 千克 / 亩，在当地以单产高、产量稳定、经济效益高著称。寒地水稻面积近年来发展很快，为本地区玉米、大豆、水稻三大主栽作物之一，是重要的商品粮，对国家的粮食安全有重要的意义。

第一节 寒地水稻栽培管理与施肥现状

一、寒地水稻的耕地类型与土壤供肥能力

寒地水稻种植多始于草甸土、沼泽土类型，近些年由于旱田改水田面积大幅度增加，已经扩展到黑土、白浆土、盐碱土类型。因为大部分耕地水稻种植的时间短，土壤发育不完全，水稻种植的耕地土壤绝大部分不是严格意义上的水稻土类型。从测土施肥技术应用的角度，区划耕地类型更有实际意义，就对化肥肥效和水稻生育期营养影响的程度看，耕地土壤性质尤其是土壤物理性质对土壤供肥和化肥的影响要比土壤类型的影响更高，使用耕地类型的吻合性更好一些。

耕地类型区划不仅有利于田间试验的设计和布局，便于将来形成有可靠性的本地施肥技术参数，为施肥配方提供有效的依据，也对不同地点区域同类型的田间试验提供相互参考数据、形成数据共享提供必要的条件。从生产

应用的技术推广层面对耕地类型的分类，可划分三个大的类型，即瘠薄型、黏重型和壤土型。这样分类是从土壤供肥特点和利于建立施肥技术模式设计方面进行的。

瘠薄型耕地类型：

瘠薄型耕地包括平岗地形耕地和沙砾土壤类型耕地，土壤类型上有薄层黑土、白浆土、风沙土、部分河套冲积土壤等建立的水稻田。这类耕地的共同特点是土壤瘠薄、活土层薄或漏水，化肥效果明显而不持久，但在一次性使用量大的时候容易出现施肥过量的生理性病害，从而诱发稻瘟病等很多与土壤养分不平衡、植株养分失调有关病害的发生和流行。

比较之下，瘠薄型耕地土壤肥力差、地力低，导致土壤供肥能力低而供肥性能比较高，施肥技术掌握得好时籽粒饱满、成熟度好，否则容易出现拖肥和早衰。一般情况下，瘠薄型耕地的施肥多采取少量多次的施肥方法，测土施肥技术对氮肥、磷肥、钾肥的用量、比例、使用方法要较好地控制，适宜采用养分实地管理的技术，土壤测试、植株营养诊断等都是必要采取的技术手段，测土施肥方法适宜选用养分丰缺方法进行田间试验和配方、配肥和选择施肥方法。

黏重型耕地类型：

黏重型耕地多分布在低洼地形，包括部分草甸土、河淤土、盐碱土、黑土等土壤类型建立的水稻田。黏重型耕地类型的特点是冷凉、黏重，通透性差，春季僵苗、分蘖率差，中期随着气温和光照的增加逐步缓解并出现贪青现象，秋季贪青晚熟、空瘪率大幅度上升，严重影响产量。黏重类型耕地土壤潜在肥力高而物理性质不佳，施肥要根据土壤测试和作物植株的表现来配方施肥，施肥技术需要与栽培管理密切配合，适宜使用养分实地管理的方法，采用地力分级结合养分丰缺指标配方的方法进行测土施肥技术的田间试验和探索施肥参数、确定施肥配方。

壤土型耕地类型：

壤土型耕地类型一般是从黑土类型或草甸土类型开发发展的水稻田。这类耕地比较适合种植水稻，是水稻高产田，在高产田上农民为获得更高的产量，往往采取了一些不合理的施肥技术方法，长期形成用地大于养地的局面，导致土壤养分含量之间不平衡的趋势。尤其是长期高产出而又很少使用钾肥，缺钾的现象在部分农户的耕地比较严重，且农户之间不平衡，表现出邻地之间缺素症状不均衡的现象。这类耕地多种测土施肥技术方法都比较可行，以目标产量差减法作为主体测土施肥技术的田间试验和求取施肥参数、结合植株养分丰缺方法较佳。

二、寒地水稻栽培施肥管理的特殊性

（一）旱育苗秧苗品质与插秧时间的要求

寒地水稻栽培目前已经全部采用了旱育稀植的旱育苗方式育苗。相对本田直接播种和水育苗的方法，旱育苗的秧苗品质有极大提高，表现在返青时间缩短、分蘖力增加、根系活力增强以及维管束增大等生理、生化能力提高等一系列方面。不同的插秧方法对育苗的秧苗品质有不同的要求标准（关于栽培技术要求的秧苗品质，这里不再阐述，参见相关标准），从秧苗的营养角度来说，必须满足于物质丰富和携带足够返青的养分这样的条件；插秧时间在具体生产中因为地域性小气候不同、栽培技术方法不同，可能适宜时期不同，但是都有当地适宜的插秧时期限制，过早过晚均不利于水稻的生长发育，产生营养失调的问题。一般情况下，根据育苗时间和秧苗品质情况，在5月上旬至5月下旬之间是较为理想的插秧时间，早于4月下旬、超过6月上旬对生长发育普遍有不利的影响，也不利于施肥技术的管理。

（二）营养生长与生殖生长分界不明显

寒地水稻进入6月底、7月下旬，是营养生长与生殖生长并行的阶段，对营养的要求相对比较多，对氮、磷、钾养分的需求也有大的变化。这段时间，水稻一方面要进行营养生长，完成倒1~4个叶的生长发育过程，另一方面要完成从做胎到穗分化的生殖生长过程。因为营养生长与生殖生长交错在一起，没有明显的界限，寒地水稻在叶色变化上一般在正常大田中只有两个落黄过程，而不是我国南方水稻呈现的"三黑三黄"过程。由于前期氮肥用量过重或黏重型耕地类型土壤养分的作用受气候因素影响发挥作用，大部分耕地甚至不出现落黄过程，这也是测土施肥技术应该着重解决的营养问题之一。

（三）减数分裂期前后往往有低温冷害

受大气环境的影响，寒地水稻种植区在7月中旬前后一般多出现低温寡照天气，在生产田普遍前期氮肥过重的情况下，植株抗逆能力不足，往往形成灾害和诱发稻瘟病等病害发生，导致空瘪粒增多，稻瘟病严重时甚至绝产。一般情况下，温度低于 16℃ 低温寡照持续 3 天、温度低于 14℃ 低温寡照持续 2 天，就能形成较大危害。低温冷害的预防除常规农艺措施以外，施肥与营养上增强植株养分浓度、提高养分平衡水平是关键的技术目标。

三、寒地水稻栽培管理的主要问题

（一）秧苗品质问题

旱育苗相对有很大的秧苗品质上的优势，但是，旱育苗自身也有秧苗品质问题。生产中主要有两个普遍问题，其一，棚室土育苗时，稻农为缩小秧/本田比例，大幅度增加播种量，形成弱苗和病苗。弱病苗削弱了旱育苗的优势效应，延迟了生育进程。稻农为追赶生育进度往往在苗期大幅度增加施肥量，尤其是增加氮肥的施肥量，为以后追肥和管理埋下了隐患。其二，由于插秧期渴水或苗床病害毁育等原因，导致发生老苗或催生苗，降低了秧苗品质，延迟了插秧时间到，导致无效分蘖过多或不分蘖。

（二）分蘖控制问题

无效分蘖过多是目前限制寒地水稻单产提高的主要栽培问题之一。调查显示，目前水稻的无效分蘖率为 30%～70%，高的达到 100%。无效分蘖过多而不加控制，在前期过多氮肥的作用下，田间上部叶片宽大披垂，直接导致植株郁蔽，底层光照不足，中后期功能叶片减少，碳水化合物供应不足，个体营养缺乏而又畏惧病害与倒伏不敢施肥的矛盾怪圈。

（三）农药要害、水肥管理问题

除草剂药害是近年频频发生而又难以控制的灾情，药害虽然与施肥没有直接的关系，但药害发生以后对植株营养产生了重大影响。水肥管理也是栽培管理技术中稻农出现最多的一个问题。其中，寒地水稻的施肥主要方法是基底肥和追肥，基底肥在泡田前或耙田时使用，追肥主要分在返青、分蘖、孕穗和抽穗时使用，追肥一般在建立水层的情况下施用。我们知道，土壤对肥料的吸附能力有一定极限，正常情况下这个极限受控于土壤理化性质、温度、水分含量等因素。但是，如果肥料施在水层中，土壤从水层中吸附养分，肥料在土壤中的分布情况将发生改变，土壤也不能吸附到容纳限度的肥料，部分肥料可能出现随着水的流动而消失或氮肥通过反硝化作用散失掉。也就是说，在水层作用下，土壤对肥料的吸附作用能力变得难以掌握，导致了肥分流失问题。很多试验资料均显示共同结果，氮肥追肥施在水层中化肥的利用率大幅度降低且不稳定，化肥利用率一般只有 20% ~ 30%，个别施肥量高、水层厚的试验点化肥利用率甚至不到 20%。在化肥利用率不稳定的情况下，应用参数进行测土施肥技术的"配方"就成为不可靠的不确定的"配方"，这也是测土施肥技术田间试验最难掌握的技术环节。

四、寒地水稻的施肥技术主要问题

（一）常规施肥方法前期氮肥用量过重

根据调查，生产中的化肥用量氮肥（N）4.3~ 19.5 千克 / 亩，平均 10.0千克 / 亩，磷肥 3.2~9.8 千克 / 亩，平均 5.6 千克 / 亩，钾肥 2.3~8.8 千克 / 亩，平均 3.2 千克 / 亩。习惯施肥方法一般采用被称为"大头肥"的施肥方法，即把全部的磷、钾肥和氮肥的 40%~60% 用作基底肥，20%~30% 做返青追肥，20%~30% 做分蘖追肥，只有较少部分地块在分蘖期以后追肥，一般不再追肥。大量化肥几乎全部施在营养生长时期，使水稻植株在前期过量摄取了氮素养分，导致中后期水稻个体出现营养失调的症状、群体结构郁蔽，功能叶片减少，通风透光能力不足，下部叶片光合作用能力下降，呼吸作用增大，空瘪率上升。

（二）常规习惯施肥技术追肥时间、施肥方法存在的技术隐患

第一，习惯施肥的主要两次追肥——返青肥与分蘖肥都在作物生长前期，使用的肥料品种多为尿素，使用的方法为撒施，施肥时间返青肥一般在插秧后 2~7 天使用，分蘖肥多在分蘖前 3~7 天里使用，也有相当部分的稻农为加快生育进程或增加本田秧苗高度提前施肥。追肥通常是在本田建立 1 寸以上水层的基础进行，稻农凭借肥料漂落在水中的水花判断掌握施肥的均匀程度。这里有两个值得注意的操作细节问题，其一是实际施肥量难以满足施肥量科学施肥要求。根据试验，手撒施目测达到均匀程度的尿素施肥量为 8~13千克 / 亩，而田间试验推荐的适宜施肥量仅为 5~8 千克 / 亩，相差甚远。过多的肥料往往被秧苗奢侈吸收，形成了生理性肥害，为以后有效控制分蘖和发生稻瘟病、低温冷害、贪青倒伏埋下了隐患。施肥技术要求与实际生产上有较大的差距，提示我们在推荐施肥时要选择合适的追肥品种或生产合乎技

术要求的肥料品种。其二，人工撒施肥料有重复交叉的施肥面，形成点片的肥料大量过剩的情势，这部分往往是病源的始发病灶。

第二，由于常规习惯追肥都是在苗期植株养分需求量低的时期大量施用氮肥，而且是建立在较深水层的条件下追肥，一方面化肥的利用率和去向难以掌握，另一方面过多的施肥导致植株过多地吸收氮素养分，尤其是分蘖肥的过量使用，不仅造成了田间群体结构不良，还使植株第二节间加长，增加了后期倒伏的可能性。同时，由于田间结构郁蔽，低层叶片光照不足、通风不良，因为个体过多，每个个体能够摄取的养分较少，实则形成了看似繁茂的病弱个体，而后期考虑发生病害和倒伏等问题，基本无法继续使用氮肥，个体营养失调而碳水化合物形成不足，植株抗逆性能下降，遏制单产的提高。

第三，由于寒地水稻是长期连作，不合理的习惯施肥方法加之得不到科学的保养，目前土壤养分失调问题已经逐渐呈现出来，比较严重的是土壤缺钾和某些微量元素缺乏问题。东北松嫩平原黑土带历来被认为是土壤富钾地区，全国第二次土壤普查期间，水稻田的有效钾含量变化幅度为160~240毫克/千克，平均为190毫克/千克，绝大部分耕地施用钾肥没有明显的增产效果，但是，目前稻田耕地的有效钾含量下降到40~190毫克/千克，平均不足150毫克/千克，钾素严重缺乏面积达到30%以上；硅肥是水稻摄取量很多的有益元素，如果适当进行耕地保养，耕地一般不会出现明显的缺硅症状。1988年田间试验结果显示，仅有种植30年以上的地块行年有显著增产效果显示，占水稻耕地面积不到10%。随着耕地的退化，到2005年进行相同的田间试验结果显示，肥效的面积比例上升到36%以上，相当一部分耕地使用硅肥达到了极显著的增产效果。耕地养分缺乏种类的增加，不仅仅增加了田间试验的难度和产生降低准确性、可靠性的问题，而且预示着不久的将来肥料、农药成本的大幅度增加和单产的大幅度下降。采取实效性措施保养耕地、平抑土壤养分缺乏和不平衡状况也是测土施肥技术必须面对的技术问题。

（三）盲目施肥是普遍现象

当前生产中，稻农对栽培技术知识有一定的掌握，对频繁更换高产品种的热情很高，而对施肥的知识了解得并不透彻，很多人处于观望学习模仿的阶段，对肥料品种的热衷远远大于施肥知识，因此，盲目施肥的现象非常普遍。哈尔滨市水稻生产施肥用量抽样调查结果充分显示了这一问题的严重性。以氮肥施用量为例，在 2005 年对 400 块耕地的调查表明，氮肥施用量（纯氮）的变化幅度为 4.3~19.5 千克／亩，平均用量为 10.0 千克／亩。其中个别最低施肥量 2.2 千克／亩，最高施肥量高达 22 千克／亩，而每个施肥水平的产量波动幅度相差不大，显然稻农对施用多少肥和怎么施肥等技术问题并不了解，少数人凭高产施肥经验确定施肥量和施肥方法，多数人是模仿经验施肥。盲目施肥的危害性非常大，每年都有多起技术事故发生，其中，2007 年就有因为品种、气候和施肥技术措施不当等原因造成多起大面积绝产的事例。

五、寒地水稻测土施肥技术面临的任务

（一）建立完善测土施肥技术参数体系

所谓测土施肥是以肥料田间试验和土壤测试为基础，根据作物需肥规律、土壤供肥性能和肥料效应，在合理施用有机肥料的基础上，提出氮、磷、钾及中、微量元素等肥料的适宜施用品种、数量、施肥时期和施用方法。农作物需肥规律、土壤供肥性能和肥料效应在生产中都是依条件变化而变化的动态平衡，测土施肥技术需要探索反映作物摄取需要、土壤供给、肥料补给的相互关系的量化数据依据。一般情况下，施肥技术参数体系的形成，必须明确这样几个参数，即能可靠反映作物需肥规律的水稻需肥量及其在各个生育阶段的变化趋势的参数，能可靠反映土壤供肥性能和肥料效应的参数。对于水稻的需肥规律，通过盆栽试验、田间试验、运用植株化验等手段已经基本明确在水稻各个生育时期对氮、磷、钾等主要养分的需要量的趋势，需肥量用形成单位产量吸收的养分量作为参数也比较可靠；土壤供肥性能则必须应用土壤测试和田间试验手段，应用土壤养分测试值和土壤养分利用系数作为参数，生产中土壤测试目前已经有了国家标准，土壤养分利用系数则需要通过田间试验和植株化验等手段获得，但在条件控制范围内有较强的趋势性变化规律，在大面积范围则非常不可靠；肥料效应一般通过田间试验方法获得数据，普遍采用化肥利用率作为反映肥料效应的参数，化肥利用率依土壤肥力、栽培管理、水分管理、施肥量、施肥方法和施肥时期的不同而发生变化的条件参数，也是不稳定的参数。

测土施肥技术体系的首要任务是通过科学的手段获得这些参数，并且提高参数的可靠性。其次是建立起参数条件性的动态变化趋势，使之成为动态的、量化的参数。再次是建立参数之间的关联，形成参数的体系，成为可靠的配方、配肥依据，并使参数体系在生产应用中不断完善提高。

（二）建立测土施肥技术配方与配肥体系

测土施肥技术的"配方"就是根据参数体系和能够掌握的土壤测试、植株测试的条件数据"提出氮、磷、钾及中、微量元素等肥料的适宜施用品种、数量、施肥时期和施用方法"的测土施肥技术实施方案。之所以称为"配方"体系并要形成配方体系，是因为通过田间试验获得的参数体系和以土壤测试为主要依据的施肥养分肥料品种、施肥量、施肥时间以及施肥方法的动态变化方案，包含使用条件以及随着使用条件变化而变化的广泛内容。配肥是根据配方的要求选择和使用肥料的过程，配肥最基本的要求是明确基底肥、追肥、叶面肥、有机肥等做出品种、用量、用法的实际分配。前文已经涉猎了栽培管理和水分管理对肥料效应的显著影响的内容，配肥就要根据调查预测到的生产实际情况对肥料品种、用量、用法等方面进行合理的配置。比如，前期追肥施肥量难以控制的问题，就需要硫酸铵等低含量的速效性肥料替代尿素等高含量肥料，也可以通过特制"营养套餐"的形式专门制造属地性质的配方专用肥解决相关的问题，而这些项目内容的配方问题和专用肥配制的农艺要求只有测土施肥技术才能完成。

（三）构筑不同区域耕地类型的可靠高产高效栽培施肥技术模式

长期的田间试验结果表明，不同耕地类型的土壤供肥性能和肥料效应反应是有显著差异的，同样，在不同的施肥次数、施肥水层管理、品种类型、分蘖能力、插秧规格等条件下，土壤供肥性能和肥料效应也反映出了显著的差异，往往这些差异对肥料效应的影响远大于土壤测试的影响，常常干扰、掩盖了土壤测试评价的土壤供肥能力或肥料效应。如果不能很好地控制这些因素，测土施肥的田间试验从试验设计到数据分析以至形成的参数都不可能得到可靠的结果，勉强应用的结果只能使测土施肥技术"流于"高产施肥的"形式"。

虽然，测土施肥面临若干干扰因素的影响有可能导致田间试验、配方配肥的失败，但是，如果我们能从大局着眼，统筹安排，就能减少失败概率，达到"事半功倍"的效果，这在于耕地类型基础上的区域化分区和与高产栽培模式的有机配套组合。第一，就局部来说，常规习惯生产栽培形式受到耕地类型、气象类型、农田基本建设设施条件等限制，有主流的栽培、耕作、植保和施肥等常规生产形式特点，即使有不同的变化亦受到一定的限制而局限在一定的范围内，用现有先进科技成果对其进行总结提炼，能形成具有当地类型特点的高产栽培施肥模式。在测土施肥技术层面，耕地类型土壤理化性质不同，需要形成各自不同的施肥模式。栽培与施肥结合，是当地区域类型构筑高产栽培施肥技术模式的基础，在大的区域范围内统筹规划安排区划类型区域，形成区域的空间分布，把不同地点的田间试验、土壤测试、参数模拟等技术数据有效地综合统计分析，形成数据共享。任务分解共担的有利局面，有效地充分利用资源，使获得的参数数据和模式增强可靠性。第二，当地区域虽然具有主流栽培技术模式的特点，但是，农户的生产状况千差万别，即使田间试验各点之间也难以保证水平一致，分析差别寻找误差对一区一地来说需要多年多点的田间试验，不同区域耕地类型栽培施肥技术模式在统筹布局的条件下有更多的参考数据，更有利于施肥技术参数系统的形成和完善。

（四）实现平衡施肥，保障耕地可持续利用

施肥对耕地土壤理化性质的影响是客观的存在。在寒地水稻种植的黑土带区域，自施用化肥以来，随着旱育稀植技术的普及，单产大幅度提高，用地力度增大，由于二十几年来偏重氮肥、磷肥的施用，钾量丰富的耕地有效钾含量大幅度下降，逐步呈现缺乏状态。测土施肥技术首要的施肥原则应该是平衡施肥，保护耕地永续高效的利用状态，这也是国家粮食安全的需要。

第二节 寒地水稻测土施肥技术田间试验
与施肥技术参数

一、水稻测土施肥技术田间试验的特殊性

寒地水稻生产要求的季节性强，肥效受栽培技术的影响大，造就了水稻测土施肥技术田间试验的特殊性，主要有：

（一）不同年份的气象条件影响试验效果

寒地水稻种植区在育苗和本田生产的前期，经常受到低温冷害的影响，中期经常出现低温冷害型的气象天气，因此，不同年份各施肥量处理尤其是不同氮肥量处理所承受的危害有很大的差异，产量在年份间的差别比较大，分析的肥效结果误差较大。

（二）插秧规格等栽培技术影响分蘖和群体结构

水稻一个品种单产与平方米成苗株数之间有二次抛物线回归的函数关系趋势，存在最佳群体结构即平方米成苗株数。插秧规格不同，各施肥处理的分蘖存在差别。在各处理相同的插秧规格的条件下，无氮区和无肥区处理由于分蘖不足，达不到足够的平方米株数。无氮区处理往往比无肥区产量更低，而高氮区由于分蘖过多，生长过于繁茂，生育中期倒伏，有些无法计算产量，某种意义上，栽培技术环节对产量的影响远大于肥料用量和土壤肥力的影响，干扰参数的可靠性。

（三）水层管理与追肥的化肥利用率

氮肥追肥在常规施肥中是建立水层的施肥，水层条件下，大部分氮肥无法直接被土壤吸附，又有土壤表层的反硝化作用造成肥料挥发，真正的肥料利用率低而不稳，在施肥量高、水层深的情况下，氮肥利用率仅能达到20%~30%，相比之下，湿润灌溉条件下的施肥结合水肥偶合操作，氮肥利用率高达40%~60%，悬殊的数据差异如果没有固定的栽培模式和水层管理模式形成规范性要求，一般难以获得可靠的参数。

二、田间试验的栽培技术基础与肥料试验的设计

（一）类型分区的区划与统筹

测土施肥技术就是要以土壤肥力或者说土壤的供肥量为施肥依据进行配方、配肥和施肥的技术。在众多干扰因素中提出土壤养分因素和肥料效应因素作为形成产量的依据，没有类型区划显然对参数体系的建立是没有实际意义的试验。也就是说，如果不从众多干扰因素中将养分含量因素和施肥量、施肥方法因素剥离出来，形成"单一因子差异"的试验基本原则条件，试验点的数据作为测土施肥技术参数计算没有实际意义；同样，如果不把土壤养分因素与肥料效应因素分离开，形成参数体系的数理统计分析也无法完成。

类型分区是把耕地类型和对肥料效应产生显著影响的栽培技术细节作为依据，建立省区域、地市区域或县区域的类型区域空间分布图，对同类型区域筛选 1 ~ 2 种栽培管理标准化的，包含栽培管理细节、灌溉技术、施肥技术方法等项内容的详尽实施技术方案，使每个田间试验点之间在区域范围内统一试验标准，获得可靠的参数。区划的统筹是指在实施方案基础上组织多单位分工协作，保证每个类型区、每个栽培标准模式都有足够的涵盖面和试验点次，使每个类型都能形成统计分析意义上的参数技术体系，最终形成覆盖全区域的参数技术体系，为测土和配方提出可靠的技术支撑依据。

（二）栽培技术的环节设计

栽培技术环节要从秧苗品质的选择开始，到基底肥的施肥方法、泡田耙田的农艺指标要求，到每个试验处理的插秧规格、灌溉方法的水层建立、返青肥的称量和均匀施用，返青肥施用后的水层建立和植保技术的封闭除草；之后为分蘖肥的施用时间、施肥后的水层管理、分蘖控制的水层管理，除虫药剂的使用、分蘖与无效分蘖调查等；进入生殖生长阶段粒肥、穗肥的施用时间和田间植株形态生态标准、使用的肥料养分和比例、施肥方法、施肥前后的水层管理、田间群体的状态和个体相关生育期、生育性状调查；抽穗扬花前后主要是水层管理标准和稻瘟病的预防标准；收获考种要具备完整的产量构成因素、与营养相关的空瘪率调查、第二节间长度调查、病害发生情况等；采集植株化验样本，做好理论产量计算和实测产量计算；化验分析相关

项目；做好田间试验点参数分析和类型区域年份参数体系数理统计分析，做出年份之间的比较分析，寻找系统误差进行参数体系修正。

（三）田间试验方案选择

鉴于寒地水稻施肥试验的特殊性，测土施肥技术田间试验法方案推荐"3414试验设计"的9处理不完全实施方案或直接采用"3414试验设计"方案，也可以根据需要自行设计多水平正交试验或单因素多水平试验方案。推荐的理由是常规平衡施肥（5处理）方案无法排除栽培管理、不同土壤肥力之间的干扰因素，使化肥利用率、土壤养分利用系数等重要测土参数不可靠，函数效应方法形成的方程十分不稳定，不适宜用做统一方案，"3414试验设计"和"3414试验设计"不完全设计能够满足单因素回归的需要，可以通过单因素回归方程分析试验点的地力产量（代表土壤供肥水平）和获得在曲线配方段水平的化肥利用率的基本要求，关于分析方法不再叙述。

此外，参数体系统计要求分析不同土壤测试值水平的试验点，因此每个类型区域的所有方案落实中必须拉开每个养分的土壤测试值水平，并且有一定数量的点次落实在区域的高水平和低水平上，便于获得参数应用的阈值和土壤测试值的阈值。

三、获得施肥技术参数与施肥技术参数体系修正

获得参数主要通过试验、化验数据和参数公式，其中地力产量和目标产量及其施肥量需要通过试验点试验结果形成的单因素回归方程计算获得，相应的植株化验数据采用地力产量、目标产量接近的处理区植株化验获得。建立参数体系是建立参数与土壤测试值（包括物理性质测试）之间的直接或间接的关联，通过电子表格图形文件的散点图相关项目很容易建立参数与土壤测试值的回归函数方程，直接或间接相关达到显著水平证明公式成立。一般情况下，试验点次过少、类型区域区划的不合理、试验点之间土壤测试值水平过于接近或试验误差、气象因素差异等都可能使函数方程不显著，应该着重查找相关原因，剔除不合乎统计要求的试验点的参数值重新统计。

参数体系应该以建立单因素回归函数为主，适当考虑多因素回归。在通过试验点数据获得参数形成产量函数方程的过程中，多因素试验设计的个别养分回归可能不能形成抛物线回归，甚至得到相反的曲线，主要原因是试验

误差、土壤养分不平衡、施肥造成养分激发或括抗作用形成的，应该舍弃，选择能够回归使养分形成的参数参与统计分析。

参数体系修正主要使用年份之间的系统误差和同区域不同地点之间的系统误差来校正，校正系统误差的方法请参照数理统计分析书籍的方法。

第三节 寒地水稻测土施肥的技术模式

一、施肥技术参数与测土施肥技术配方模式

施肥参数体系可以直接作为配方的依据进行配方工作。可以将参数体系的相关公式带入采用配方方法的施肥量公式进行化简，形成测土施肥技术的施肥模式。通过施肥技术模式，会发现模式公式中出现的只有常规参数（如形成单位产量的养分吸收量、未形成参数体系的化肥利用率）、常数和土壤养分测试值。测土施肥技术参数配方模式属于经验公式范畴，关于参数模式的计算，参见玉米测土施肥模式的计算方法。

测土施肥技术配方模式虽然便捷，但是也失去了灵活性和人为经验判断的功能，具体利弊和采用与否，看工作的方便。

二、选择测土施肥技术模式

测土施肥技术模式是建立在高产栽培管理技术模式通过测土施肥技术配方模式基础上的经验公式。由于寒地稻农水稻种植是分户经营，农户之间、地块之间的差别在所难免，因此，在土壤采样过程中要认真搞好类型调查，培训好农民，根据调查信息提供相对准确的施肥模式，为稻农的地块推荐配方、配肥和施肥技术方法的建议。

三、施肥技术模式的修正检验

测土施肥技术模式的经验公式需要经过修正检验才能具备可靠性，主要的检验方法是把模式计算获得的施肥量与农户调查的产量进行吻合度的测验，在消除系统误差的情况下看吻合程度。如果吻合度比较高，可以直接作为施肥量配方的依据和手段；如果吻合度过低，要考虑类型区其他模式或者舍弃。

需要指出，测土施肥模式是建立在试验基础上的经验公式，其最基本的

　　使用条件是试验条件下的栽培管理技术，如果背离了栽培管理技术或者农户达不到栽培管理水平的要求，除加强农民技术培训以外，需要在田间试验阶段考虑农民习惯的常规栽培方法，求得技术水平上循序渐进的提高效果。

第八章

大豆测土施肥技术

我国是大豆作物的原产地，有悠久的栽培历史和传统栽培意义上的种植经验。随着世界农业的发展，我国大豆作物失去了主导地位，但是，大豆生产对我国仍然有十分重要的地位。目前，在黑土地区的大豆生产适宜区，由于普遍推广应用了高产品种，改善了栽培技术，全面应用了化学除草技术等增产技术，生产水平得到大幅度提升。可是，受长期掠夺式的经营导致大部分耕地退化和有机肥数量施用量严重不足等因素的影响，化肥施用在大豆作物生产中成为一个不可缺少的生产要素，为此，搞好大豆测土施肥技术对大豆生产有重要的现实意义。

第一节 大豆的营养及其特殊性

一、大豆的营养元素成分

大豆需要营养成分的种类与其他作物一样，对必需的营养元素有共同的需要。按营养来源和需要数量分类，不可缺少的营养元素包括碳、氢、氧，氮、磷、钾，硫、钙、镁，钼、硼、锌，铜、铁、锰，氯、硅、硒等。其中，碳、氢、氧元素是植株体构成成分，在作物生长发育时期三种养分元素占植株体重量的80%～96%，主要来自大气降水，通过根系从土壤吸收，在施肥技术中一般不从养分角度考虑。氮、磷、钾三种元素一般作物需要量比较多，土壤供给往往不足，对作物生长发育影响大，被称为作物生长发育的营养三要素，主要来自土壤和肥料供给。硫、钙、镁元素是大豆作物的中量元素，来自土壤供给，其中少部分硫以化肥形式供给。钼、硼、锌元素是大豆作物必需的微量元素，来自土壤，其中钼元素对大豆根瘤菌有重要作用。铜、铁、锰、氯是微量元素，由土壤提供。硅、硒等虽然没有纳入必需的营养元素，但对大豆生长发育有显著影响，属于土壤供给的有益营养元素。在大豆的生产中，根据农作物对各种养分需要和土壤养分供给能力，通常把土壤供给不足的养分做成肥料，常见的大量元素化学肥料有氮肥、磷肥和钾肥，常见的微量元素化学肥料有钼肥、锌肥、硼肥等。

二、大豆对氮、磷、钾养分的需要量

大豆对氮磷钾养分的需要量因为品种和单产的不同而有比较大的变化，一般情况下，每生产100千克籽实需要摄取氮素（N）7.3~9.5千克，磷素（P_2O_5）2.8~4.2千克，钾素（K_2O）4.6~6.2千克。实际生产中，高蛋白含量的品种和低产品种摄取的氮素较多、钾素较少，而高油含量品种和高产品种需要氮素和钾素较多；在地力方面，土壤肥力高的地块、植株生长过于旺盛的地块氮素和钾素的摄取量比较高，低肥力地块和植株矮小的地块相对较低。

三、大豆的需肥规律

在大豆的整个生长发育阶段，出苗到始花期大体属于营养生长，始花期、盛花期到鼓粒期是营养生长与生殖生长并存的时期，鼓粒以后进入成熟阶段。出苗到始花期由于植株体小，需要的各种养分都不多，依品种不同，三种养分的摄取量占总需肥量的4%~7%。到开花期以后，摄取营养逐渐提高，盛花期以后先后进入摄取高峰，结荚期开始逐渐减少，这段时间养分摄取量高，占总需要量的75%~85%。结荚期到鼓粒期，钾素的摄取逐渐停止，氮、磷素的摄取量也大幅度下降。

从生产的角度看，氮素营养对大豆全生育期都有重要作用，东北地区大豆以底肥为主，因为有根瘤菌固氮的问题，控制底肥氮肥施肥量十分重要。施用过量容易产生贪青倒伏，抑制根瘤菌发挥固氮作用；施用过少则影响前期和中期长势，造成减产。磷肥对大豆生长发育有促进作用，尤其在生殖生长阶段不可缺少，以往由于耕地土壤磷素缺乏而长期大量施用磷肥。近些年土壤缺磷的问题基本解决，靠大量施用磷肥增产的时代已经过去，应该纳入正常测土施肥技术。东北地区历来号称土壤富钾区，由于长期的掠夺，土壤钾素出现供应不足的现象，钾肥施用需要作为测土施肥技术的重点内容。

四、大豆营养的特殊性

1. 大豆生长发育需要良好的土壤水肥条件

从植物形态上，大豆是直根系的深根系作物，理论上能够摄取土壤较深层次的水分和养分，但在生产实际中，由于耕地存在犁底层、白浆层等土壤障碍层次问题和土壤理化性质不佳问题，在活土层浅薄的坡岗耕地和犁底层厚硬的平洼耕地上，根系实际分布的深度和辐射面都不大，在垄作的干旱情况下就更小，也就是说根系的土壤活动空间受到很大限制，而获得的水分和养分与根系在土壤里的分布空间大小有直接关系。从作物生理学上看，相对于玉米、水稻作物，形成同等大豆产量需要更高的能量和更好的土壤肥力条件。有研究资料报道，形成 100 千克大豆籽实的耗水量为千克，摄取氮素千克，比形成等量玉米分别高出千克和千克。

2. 根瘤菌固氮作用对某些微量元素的需求有特殊要求

豆科作物与根瘤菌共生，作物提供根瘤菌生活的养分，根瘤菌提供氮素给作物，形成共生互利关系。

东北黑土带耕地土壤的很多微量元素养分含量比较贫乏，对大豆生长发育有直接影响的钼、硼、锌等微量元素养分，其土壤养分含量的背景值就接近阈值，开垦耕作之后受耕地土壤退化的影响，缺乏程度加重，然而，由于东北地区气候条件和土壤特性的作用，这种缺乏反映在大豆生产中达不到肉眼能够观察到的程度，往往被种植者和农业技术推广人员忽视，但通过施肥的方法在大部分的耕地上都能达到极显著的增产效果，这是今后大豆营养必须重视的问题。

3. 重迎茬种植是大豆营养不可忽视的问题

黑土带旱作耕地大豆重迎茬种植的问题比较严重，在大豆适宜区，大豆面积多的年份重迎茬面积比例多达 60% 以上，是不可回避的施肥问题。形成大豆重迎茬问题有很多原因，重要的有三个方面。一是种植大豆节省工本，效益比较高。在大豆适宜区，同种植玉米、水稻作物相比，种植大豆不但投入的肥料少，种子相对便宜，而且节省了育苗、间苗、插秧等数道生产程序，减少了大量的劳动力成本。另外，在大豆适宜种植区，大豆的产量相对高，而玉米的产量则相对低。比较之下，在种植收益相差不大的情况下，农民更愿意种植大豆作物。二是市场价格的作用。前几年，因为大豆价格比较高，而玉米、水稻的价格比较低，形成价格反差，刺激了大豆种植面积的上升。三是资源与劳力的局限。在水、旱耕地混合种植地区，由于播种、育苗、插秧的时间同步，种玉米在播种、田间管理上与水稻育苗、苗床管理和插秧等工序相互冲突，而种大豆则能大大缓解这一矛盾。在地多人少的地区，农忙季节劳动力紧张，大面积种植玉米在田间管理、收获脱粒等生产环节上非常困难，而种植大豆则比较轻松。

　　针对大豆重迎茬的减产机理问题进行的试验研究十分广泛，达成的共识为：造成大豆重迎茬减产是由病害和营养失调共同作用的结果。营养失调涉及根际土壤营养环境、土壤养分损耗等特殊的营养问题，既然大豆重迎茬在大豆适宜种植区有不可回避的生产实际，测土施肥技术就需要针对重迎茬的特殊营养状况提出保护产量的施肥技术措施。

第二节 大豆测土施肥技术的田间试验

一、田间试验设计

1. 田间试验设计的布局

测土施肥技术的田间试验要同步研究地上部表现效果和地下部土壤养分含量及其养分供应效果两个相关部分的内容。要建立地上部营养需要和地下部营养供应的关系，则必须在田间试验设计上满足这样几个基本条件。

第一，试验设计上要满足施肥量与大豆养分吸收量之间的"单一因素差异"，要求同一土壤测试值水平下的每个试验点之间的环境条件和采取的其他技术措施基本一致，这样才能使农作物产量、施肥量和土壤供肥量之间具有显著的密切关系。

第二，测土施肥技术的施肥量配方是以土壤测试值为施肥量的基本依据，试验点要设置在不同土壤测试值条件下，才能获得不同测试值水平下的产量、施肥量和供肥量的相关参数，从中推导出不同土壤测试值与产量、施肥量的变化趋势关系。只有获得了不同土壤测试值与产量、施肥量之间变化趋势的显著相关关系，土壤测试值才能成为施肥量的配方依据。

第三，我国耕地目前的农业生产状况十分复杂，即使以县、乡为单位实施测土施肥技术田间试验研究，其中也涉及很多环境因素和生产因素对试验效果的影响。比如环境因素中的光照、降雨量、积温带分布和耕地土壤类型、土壤质地等因素都能显著地直接影响试验效果和试验结论的可靠性。在生产因素中，不同的栽培技术、轮作制度、耕作制度、植保技术和习惯施肥技术方法等因素对施肥都能构成影响，因此，分区施肥的理念可以应用到田间试验的布局中。

二、田间试验的设计

大豆田间试验相对比较好操作，这里推荐使用"3414 试验设计"旋转回归设计方案（施肥处理详见玉米部分）。通过多年试验证实，在黑土带的松嫩地区，"3414 试验设计"中施肥量的 2 水平即第 6 处理的施肥量以氮肥（N）3~4 千克/亩，磷肥（P_2O_5）4~5 千克/亩，钾肥（K_2O）5~6 千克/亩为适宜。有些地区由于耕地土壤肥力不同，这个推荐的施肥量可能不是当地可以接受的施肥量或不适宜使用的施肥量，但是，作为田间试验施肥量的设计，高施肥量 3 水平必须满足报酬递减的要求，1 水平应该处于施肥增产直线的范围内；"3414 试验设计"原则上必须有 3~4 次重复，如果试验点次较多，又以生产应用"配方"为试验目的，不设重复的情况下也要增加第 6 处理的 1~2 次重复小区，这是因为该处理是这个设计的空间中心点，如果该处理失败则意味着这个点的报废；田间布点要选择不同土壤测试值每个养分的不同水平，拉开水平档次，其中高含量点和低含量点要占一定比例，推荐每种养分土壤测试值水平高、中、低的比例为 3∶5∶2，完全布置在同一水平的试验布局只能形成这一水平的参数，无法测算参数的变化趋势，测土施肥技术失去了应有的意义。

田间试验设计也可以采取单因素不同水平的施肥量设计，也能获得参数或者施肥配方。哈尔滨市对大豆施肥田间试验的处理如下：

处理 1：cK 不施肥料

处理 2：N（纯氮）2.5 千克/亩，P_2O_5 3.0 千克/亩，K_2O 3.0 千克/亩。

处理 3：N（纯氮）5.0 千克/亩，P_2O_5 3.0 千克/亩，K_2O 3.0 千克/亩。

处理 4：N（纯氮）2.5 千克/亩，P_2O_5 4.5 千克/亩，K_2O 3.0 千克/亩。

处理 5：N（纯氮）2.5 千克/亩，P_2O_5 3.0 千克/亩，K_2O 6.0 千克/亩。

处理 6：N（纯氮）2.5 千克/亩，P_2O_5 3.0 千克/亩，K_2O 9.0 千克/亩。

处理 7：N（纯氮）2.5 千克/亩，P_2O_5 56.0 千克/亩，K_2O 3.0 千克/亩。

该设计主要针对磷、钾肥的肥效而定，通过对磷、钾的单因素回归分析，可以获得最佳施肥量的配方。

三、田间观察项目

测土施肥的田间观察必需的项目是各个生育阶段根瘤的颜色变化和植株长势及其生理病害、病虫发生情况。大豆根瘤的颜色反映土壤供氮水平和氮肥使用的效果、植株长势和生理病害，病虫害情况则反映植株营养的平衡性和缺乏程度。生育进程也是参考项目，能够综合反映植株的营养水平，须知提早成熟和延迟成熟都是营养失调的生理病害作用的结果。

四、测产考种

测产考种有三点注意事项，一是采样能够反映出处理区的真实水平。有些试验设计要求进行随机采样是不合乎客观实际的做法，如果随机样点选在了密度不足或密度过高的点上，就会误导试验结果，形成不可靠参数。二是测产水平一致。这里推荐理论产量和实测产结合的方法，并取烘干重为计量产量的标准。理论产量的考种项目要求产量构成因素要齐全，株荚数、空瘪率能反映营养供应水平，为保留测产项目。不同施肥水平的籽实成熟度一般不同，风干重的含水量有相当差别，烘干重计产可以克服这种误差。三是植株化验采样与土壤活土层厚度测量。植株化验采样需要每小区进行，风干制备后化验全量氮、磷、钾百分比含量。活土层厚度与耕层容重是土壤库计算的需要，可以改善原来的 0.15 常数，使之更为准确可靠。

第九章
施肥量计算与获得配方参数

第一节 产量与施肥量的统计分析

"3414 试验设计"或单因素回归设计都可以通过单因素产量与施肥量的回归获得适宜施肥量配方。部分试验点的产量统计见下表。

2012 年高油高蛋白施肥试验的产量统计表

试验 地点	品种及类型	处理 1 产量	处理 2 产量	处理 3 产量	处理 4 产量	处理 5 产量	处理 6 产量	处理 7 产量
施肥处理		N、P、K	N、P、K	N、P、K	N、P、K	N、P、K	N、P、K	N、P、K
施肥量		0、0、0	2.5、3、3	5、3、3	2.5、4.5、3	2.5、3、6	2.5、3、9	2.5、6、3
巴彦科所	黑农 43 高蛋白	120.4	170.4	172.2	177.2	174.6	182.2	179.5
巴彦龙泉	黑农 43 高蛋白	127.4	190.7	195.5	193.9	196.4	198.5	194.0
巴彦科所	黑农 41 高油	121.2	167.3	174.7	180.2	175.1	179.1	170.9
巴彦龙泉	黑农 41 高油	126.2	148.2	152.0	158.9	160.0	164.0	156.0
依兰道台	黑农 37 高油	112.8	155.2	186.6	176.1	169.8	173.8	185.5
宾县科所	黑农 37 高油	156.9	187.1	177.6	201	184.4	207.2	215.5
宾县科所	东农 42 高蛋白	155.6	190.3	191.2	172.9	193.5	206.4	185.1
通河三站	恳农 19 高油	148.9	184.5	193.4	215.6	180.2	191.3	202.0

续表

试验 \ 地点	品种及类型	处理 1 产量	处理 2 产量	处理 3 产量	处理 4 产量	处理 5 产量	处理 6 产量	处理 7 产量
阿城杨树	东农 42 高蛋白	228.7	257.3	218.5	201.0	260.0	282.0	201.0
五常镇郊	东农 42 高蛋白	116.6	222.3	231.6	237.0	243.6	236.0	221.6
五常镇郊	东农 41 高油	114.0	205.0	221.0	227.0	236.0	236.0	220.0
双城中心	黑农 35 高蛋白	125.6	185.6	191.3	189.9	207.7	206.4	208.7

* 部分数据有改动

通过单因素回归方程的计算，获得最佳产量及其施肥量，见下表。

施肥量对产量的影响

实验地点	可获得最高产量的施肥量			可获得最佳经济产量的施肥量			确认的适宜施肥量		
	氮肥	磷肥	钾肥	氮肥	磷肥	钾肥	氮肥	磷肥	钾肥
巴彦科所	3.84	4.60	7.18	3.16	4.14	5.06	3.0	4.0	4.5
巴彦龙泉	4.00	4.74	6.65	3.54	3.87	5.09	3.5	3.8	5.0
巴彦科所	4.23	4.62	7.09	3.7	3.55	5.29	3.5	3.5	5.0
巴彦龙泉	4.27	4.93	8.67	0.0	4.1	5.42	3.0	4.0	5.0
依兰道台	10.3	6.48	7.59	9.0	6.23	5.7	4.0	5.5	5.0
宾县科所	3.15	31.0	7.52	1.14	----	----	2.0	3.5	5.0
宾县科所	3.82	4.62	8.78	2.13	2.93	5.1	2.0	4.0	4.5
通河三站	4.58	4.79	7.51	4.55	4.5	3.25	4.0	4.5	3.0
阿城杨树	2.32	1.30	24.06	1.12	1.26	5.22	1.5	1.0	5.0
五常镇郊	3.99	4.48	6.51	3.8	3.96	5.67	3.5	5.0	5.5
五常镇郊	4.28	5.86	7.12	4.15	4.40	6.14	4.0	5.5	6.0
双城中心	4.01	7.22	7.20	4.7	6.66	6.71	4.0	6.5	6.5

上表确认施肥量的经过大体反映出获得最佳产量的施肥量水平为氮：磷：钾的比例用量为 3：4：5 的配方。

第二节 参数的计算

"3414 试验设计"或单因素不同水平设计都可以获得单因素产量与施肥量的函数方程式，通过计算获得最佳测量及其施肥量，再通过植株化验获得形成单位经济产量的养分吸收量等参数，我们就能把函数方程的结果转型为其他配方方法的求证参数和参数体系的建立上面。各种配方方法的获得参见玉米施肥，这里不再多讲。